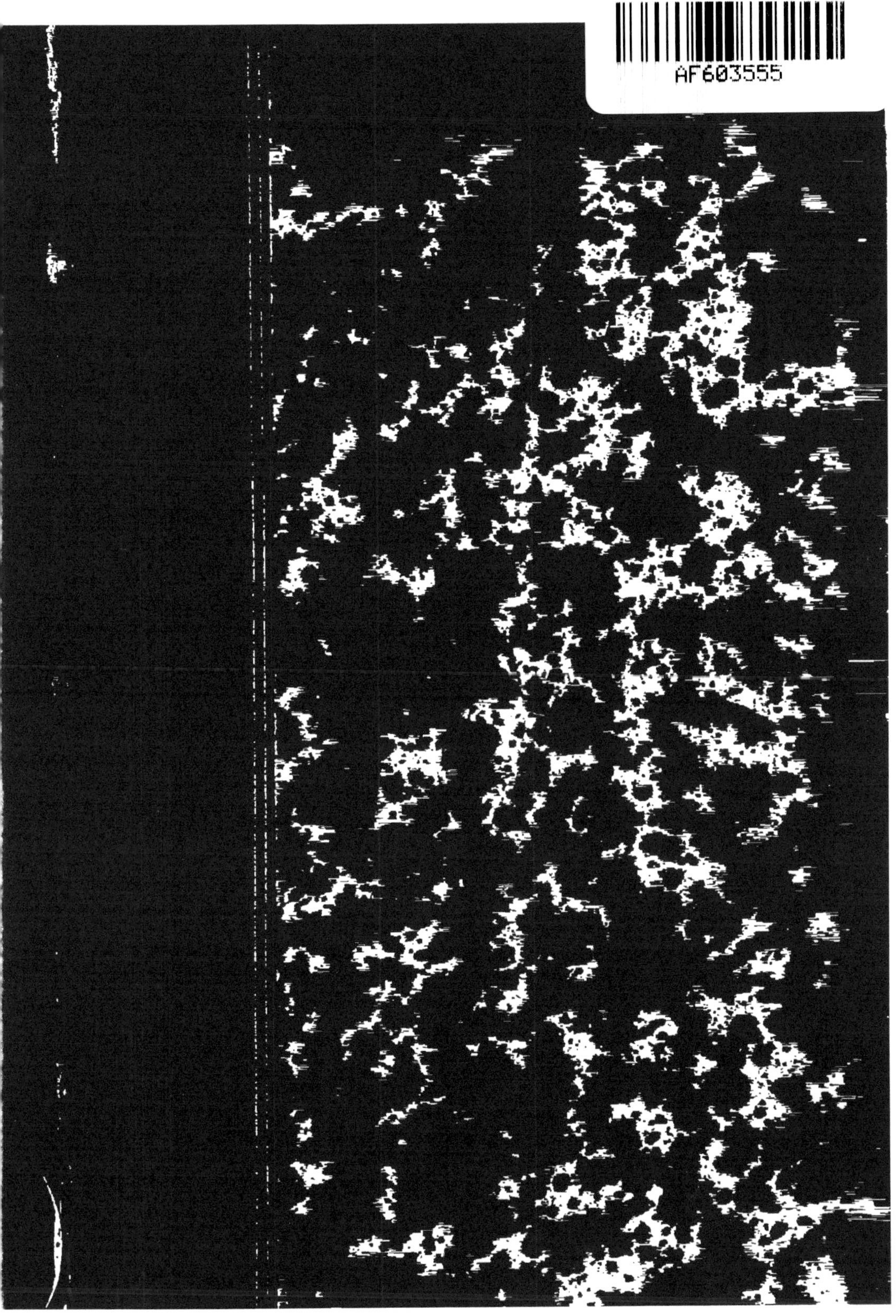

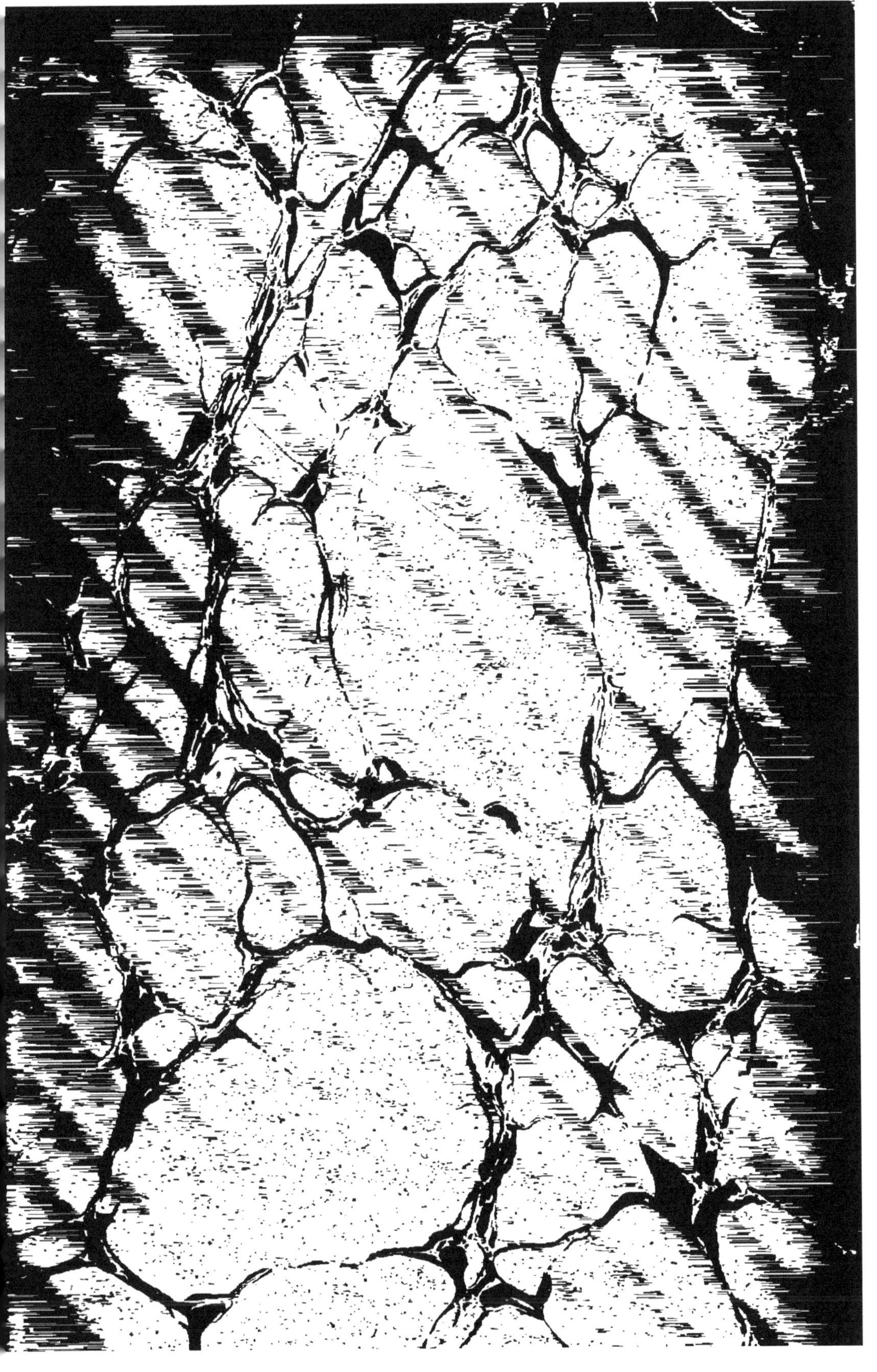

VERNEY LOVETT CAMERON

NOTRE FUTURE
ROUTE DE L'INDE

NOTRE FUTURE

ROUTE DE L'INDE

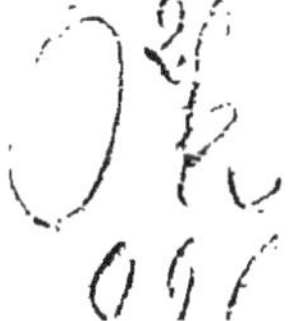

Imprimeries réunies, A, rue Mignon, 2, Paris.

VERNEY LOVETT CAMERON

NOTRE FUTURE

ROUTE DE L'INDE

OUVRAGE

TRADUIT DE L'ANGLAIS

AVEC L'AUTORISATION DE L'AUTEUR

Et contenant 29 gravures sur bois

PARIS

LIBRAIRIE HACHETTE ET Cie

79, BOULEVARD SAINT-GERMAIN, 79

1883

NOTRE

FUTURE ROUTE DE L'INDE

CHAPITRE PREMIER

DE PORTSMOUTH A LARNACA — UNE COURSE A TRAVERS L'ILE DE CHYPRE

I

USTE au moment où sir Frédéric Goldsmid faisait à l'Institut du Service-Uni sa conférence sur nos communications avec l'Inde, et où le duc de Sutherland formait sa Société d'encouragement du Chemin de fer de la vallée de l'Euphrate, mon attention avait été précisément appelée sur ces mêmes régions. J'avais en effet la conviction que la marche des affaires politiques en Orient rendrait tôt ou tard indispensable la création d'une voie ferrée entre le golfe Persique et la côte méditerranéenne.

L'acquisition de Chypre et la convention anglo-turque survinrent au milieu de mes méditations sur ce sujet, et me décidèrent à aller constater par moi-même les entraves ou les facilités que pourrait rencontrer une pareille entreprise.

A la fin de 1878, ayant achevé mes préparatifs de voyage, j'obtenais des lords commissaires la permission nécessaire, libellée en vieil anglais, et m'interdisant d'accepter du service sous aucun potentat étranger, et bientôt je partais pour Portsmouth, afin d'y prendre passage sur l'*Oronte*, en compagnie d'un Chaldéen qui m'avait été vivement recommandé et que j'emmenais en qualité de drogman.

Après escale à Gibraltar et à Malte, nous gagnâmes Larnaca (île de Chypre), où j'avais donné rendez-vous à deux de mes amis qui devaient être mes compagnons de voyage. L'un, Schaefer, m'attendait en effet au débarquement; quant à l'autre, bien que ses nombreux colis eussent été mis à bord de l'*Oronte*, je ne le trouvai pas au lieu convenu, et je n'ai jamais entendu parler de lui.

Schaefer avait retenu des chambres dans un hôtel installé sur un pied tout original. Il y avait bien des lits dans les pièces, mais pas un atome d'autre ameublement. Si l'on voulait se laver, il vous était répondu : « Voilà le puits et voici le seau. » A chacun de tirer la corde pour fournir aux nécessités de sa toilette. Quant à la nourriture, au début on n'en donnait pas. Au bout de quelques jours, une prétendue table d'hôte fut établie; mais elle était absolument exécrable, et en dehors des heures des repas, qui d'ailleurs n'avaient rien de ponctuel, se procurer quoi que ce fût était impossible. Dans ces conditions, nous allions manger à une *trattoria* italienne, rendez-vous de tous les immigrants. Don Pasquale, comme on appelait d'ordinaire le patron, était un original fini, et je n'ai jamais vu personne qui eût résolu de plus près le problème du mouvement perpétuel. Pas d'habit, pas de gilet, des manches de chemise retroussées, des pan-

Ile de Malte. — Vue de La Valette.

toufles en savate : le voilà dépeint. Tout ensemble garçon, comptable, propriétaire, il n'avait d'autres auxiliaires que sa femme et son cuisinier; aussi était-il obligé de répondre à cinq ou six questions à la fois, et en langues différentes : d'où il résultait que, lors même qu'il eût pu parler un peu plus posément, il continuait de faire un pot pourri de tous les idiomes qu'il connaissait, grec, français, turc, arabe, allemand et anglais, mélangeant le tout dans une promiscuité ineffable. Et il fallait le voir, quand la salle était pleine, circuler avec une demi-douzaine de plats, qu'il distribuait comme un escamoteur donne les cartes, le corps en avant, la tête tournée en arrière, pour crier un ordre nouveau que lui-même venait de recevoir, et il trouvait encore moyen de faire entendre à quelque nouvel arrivé qu'il avait perçu et saisi sa demande. Ce n'était certes point par l'ordre et la tranquillité que brillait ce restaurant polyglotte; mais dans son genre la cuisine n'y était pas mauvaise. Bientôt, du reste, nous excellâmes à choisir les moments où il y avait le moins de monde et le moins de bruit; puis don Pasquale et sa femme finirent par nous considérer comme des gens dignes de quelque attention, et j'ai bien peur que plus d'une fois ils ne nous aient servis hors de notre tour, ou n'aient laissé maint client se morfondre en attendant que nous eussions nous-mêmes tout ce qu'il nous fallait. Quant au café, nous avions l'habitude, au sortir de la *trattoria*, de l'aller prendre sur le quai, à l'établissement de M. Truefit. Somme toute, notre train d'existence était simple, mais agréable.

Nos installations achevées, je m'enquis des moyens de gagner Nicosie, pour y voir sir Garnet Wolseley, à qui devait être envoyé le firman de la Sublime-Porte qui m'autorisait à parcourir à mon gré le territoire de l'empire.

J'appris qu'on pouvait faire le voyage soit en diligence, soit avec des mules, et, comme on me dit que le dernier mode de locomotion était le plus court et le meilleur, nous louâmes une couple de montures, au tarif assez élevé, mais qui dispense de tout marchandage, établi par la municipalité depuis l'arrivée des Anglais. Leur propriétaire en enfourcha lui-même une autre afin de nous montrer la route, et, après avoir attaché à nos selles le petit attirail nécessaire pour une nuit d'absence, nous partîmes, laissant le Chaldéen à la garde des bagages.

Chypre a été trop bien décrite pour que j'inflige au lecteur le compte rendu de notre chevauchée. Lors de la halte, à mi-chemin, quoiqu'il y eût céans un café, notre guide préféra nous conduire à sa propre demeure, où sa femme nous servit des œufs, avec une espèce de légume qui n'était pas du tout mauvais. Au dessert, nous eûmes du raisin, et ensuite un café passable. Ces paysans cypriotes semblent certainement à leur aise, et, si leurs maisons ne reluisent pas autant que les cottages anglais, j'ai idée qu'au fond elles pourraient valoir mieux. Ils manquent évidemment d'une foule de choses que le progrès de la civilisation fait estimer dans notre Angleterre; mais, n'en ayant point connaissance, ils n'en sentent nullement le besoin.

Hommes et bêtes ainsi rafraîchis, nous nous remîmes en selle, et nous ne fûmes point fâchés de voir apparaître les tours et les minarets de Nicosie, car la journée avait été chaude et le trajet poussiéreux autant que monotone. On sentait l'Angleterre aux travaux de réparation et de nivellement qu'on faisait sur la route, chose dont, sous les Turcs, on ne se fût pas même avisé de rêver.

Nous entrâmes à Nicosie par une arche en forme de tunnel, que ferment des portes garnies de fer et de clous, et, traversant les rues étroites et les bazars voûtés de la ville, dont l'ancienne prospérité maritime se décèle encore dans les noms de vaisseaux peints sur les portes, et aussi dans les enseignes des hôtelleries, nous en sortîmes par une autre issue, pour déboucher sur une plaine ouverte en vue du quartier général de sir Garnet. Tous les bureaux étaient établis dans les bâtiments d'un couvent grec, tandis que des tentes étaient dressées pour le logement et les mess.

II

Sir Garnet, lord Gifford et tout l'état-major nous accueillirent de la façon la plus gracieuse, et nous trouvâmes le firman qui nous ouvrait les possessions turques en Asie. Si le climat de Chypre est malsain et énervant, il avait certainement manqué son effet sur sir Garnet et son entourage; tous paraissaient aussi bien portants que s'ils n'eussent quitté l'Angleterre que depuis huit jours. Le général était accablé de besogne, absorbé par les mille détails militaires ou civils qu'entraînent l'occupation d'une contrée nouvelle, la mise en marche de la lourde machine gouvernementale et son bon fonctionnement.

Chypre était jadis aussi peu gouvernée que presque toutes les autres parties de l'Empire ottoman. Les lois, bonnes en général, restaient lettre morte, et le système fiscal semblait bien plutôt destiné à tarir les sources de revenu existantes qu'à les féconder ou à les multiplier. Quand sa réorganisation sera effectuée, l'île verra certainement s'accroître sa prospérité. Avec la disparition de la vénalité et de la corruption, ses industries, languissantes aujourd'hui, reprendront un essor nouveau. Nul homme d'État n'aura à regretter, au point de vue financier, le traité de juin 1878; d'autre part, au point de vue militaire, Chypre est la meilleure situation qu'on pouvait acquérir pour la défense de la Turquie d'Asie, en dehors du continent.

Les vues exprimées au quartier général n'avaient rien de défavorable. La crainte des maladies, dont on avait fait tant de bruit en Angleterre, paraissait inconnue. Des maladies, il y en avait eu certainement, mais la saison de 1878 avait été exceptionnellement malsaine sur toute la Méditerranée, et, si je ne me trompe, la proportion des malades dans l'armée avait été plus grande à Malte et à Gibraltar qu'à Chypre.

Le lendemain matin, il nous fallut prendre congé de notre aimable hôte ; nous attendions la malle d'Alexandrie et, pas cette voie, notre ami absent, ainsi que le bagage de Schaefer, qui avait été envoyé par mer, tandis que lui-même était venu par terre.

Le retour à Larnaca se fit sans incident ; mais quelle ne fut pas notre surprise, en arrivant, de trouver le Chaldéen sur le dos, et déclarant qu'il allait mourir !

C'était, je dois le dire, un singulier individu que ce Chaldéen. Tout rond de graisse, petit de taille, avec une tête énorme, dont la bouche occupait la majeure partie, un teint basané, des lèvres minces, des sourcils gigantesques, un nez camus, des joues pendantes, quelquefois rasées, d'autres fois hérissées d'incultes broussailles, cet informe basset ne s'en croyait pas moins un Adonis achevé et un irrésistible Don Juan. Déjà sur le bateau à vapeur il avait montré que sa nature le prédisposait plus au repos qu'à l'action. A peine avions-nous quitté Portsmouth, que mon homme, au premier balancement du navire, s'était laissé choir désespérément, m'envoyant chercher à chaque instant pour me réitérer l'assurance de sa fin prochaine.

Cette fois le digne personnage n'était pas en proie au

mal de mer; mais il avait eu un léger refroidissement, provenant sans doute de ce qu'il avait commis l'acte téméraire et insolite de se laver la figure, et, comme la plupart des Orientaux, il croyait tout perdu à la moindre atteinte d'indisposition.

Le vapeur arriva le jour suivant, mais sans notre troisième compagnon; aussi, quoique la malle eût apporté le bagage de Schaefer, nous décidâmes d'attendre un autre bateau pour donner encore une chance au n° 3 de nous rallier; après quoi nous partirions pour Beyrouth.

Le soir, à dîner, nous fûmes divertis par un vieil original, qui se mêla à la conversation polyglotte de la *trattoria* et qui nous parut assez amusant.

Ce bonhomme était un Suisse, nommé Castan-Bey, qui avait été quelque temps médecin du sérail à Constantinople, puis, durant de longues années, exilé à Chypre. Il avait également servi avec le contingent turc en Crimée, et reçu même un coup de sabre sur la tête, ce qui pouvait expliquer dans une certaine mesure les excentricités nombreuses qu'il se permettait. Il nous dit qu'il habitait Limasol, et que, si nous voulions y aller avec lui, il renoncerait à une visite qu'il devait faire à Beyrouth. Il ajouta, pour nous tenter, qu'il possédait là-bas une admirable collection d'antiquités, qu'il avait lui-même déterrées et qu'il nous ferait voir.

Schaefer et moi, nous nous consultâmes et nous résolûmes de partir avec lui le lendemain en nous mettant en route le soir, pour éviter la chaleur. Notre premier soin, le matin, fut de découvrir des montures. Cela souffrit des difficultés, parce qu'il n'y avait pas de tarif pour Limasol et que les muletiers demandaient des prix exorbitants. Nous étions même sur le point de renoncer à notre excursion, quand nous trouvâmes un Anglais, patron d'une espèce d'hôtel, qui put nous procurer deux chevaux abandonnés au passage par un régiment de cavalerie indienne.

A six heures de l'après-midi, moment fixé pour notre départ, le sieur Castan-Bey fit son apparition sur un poney minuscule, qu'il avait acheté moyennant quelques shillings d'un Indien à la suite de l'armée et qui était à peine assez haut pour empêcher les pieds de son cavalier de traîner à terre; seulement, à la dernière minute, notre homme s'aperçut qu'il n'avait pas de jambières, de sorte qu'il disparut, pour revenir bientôt après, affublé d'une longue paire de guêtres toutes boutonnées, dont les courroies semblaient le gêner considérablement.

Ces préliminaires achevés, nous partîmes; mais, en traversant le bazar, Castan s'avisa que nous pourrions avoir besoin de provisions, et il se mit à marchander, dans diverses petites boutiques, du pain, du fromage, du café, enfouissant le tout dans les poches de sa selle; après quoi il découvrit qu'il lui manquait un éperon, et il me pria de lui prêter un des miens. Tandis que je levais le pied en l'air pour l'ôter, vint à passer un élégant officier de l'escadre, que je connaissais, et qui, tout en me saluant, me parut vivement intrigué de savoir ce que nous faisions en compagnie de ce drôle d'ami.

La nuit tombait comme nous passions sous l'aqueduc romain qui jadis apportait de l'eau à la ville. Castan-Bey causait avec feu, nous disant force choses de la corruption de l'Église grecque dans l'île, et affirmant que les fonctionnaires y étaient défavorables à l'occupation anglaise, les uns en qualité de russophiles, les autres parce qu'ils redoutaient de voir mettre un terme à leurs extorsions et dévoiler leur ignorance et leur immoralité.

Pendant ce temps-là, nous chevauchions dans l'obscurité. A dix heures, nous entendîmes le bruit de la mer à gauche, et nous pensâmes ne plus être loin de Zie, notre gîte de nuit. Nous avions raison; mais Castan-Bey déclara formellement qu'il fallait prendre sur la droite. Nous le suivîmes; sa conversation devenait de plus en plus étrange. Nous eûmes beau marcher : point de village, et lui-même finit par se déclarer perdu. Nous commençâmes alors à soupçonner que nous nous étions mis à la remorque d'un fou. Vers trois heures du matin toutefois, nous nous trouvâmes près d'un hameau et nous insistâmes pour y pénétrer. Tout le monde était profondément endormi; cependant, à force de faire du tapage à une porte, nous réussîmes à éveiller un quidam, qui se montra d'assez bonne composition. Il ne pouvait nous loger nous ou nos bêtes, mais il nous conduisit à une maison plus grande que la sienne, dont les habitants se levèrent immédiatement et nous accueillirent de leur mieux.

Après avoir obtenu un peu de nourriture pour les chevaux, nous attachâmes ceux-ci dans la cour. Toute la famille, qui dormait dans une seule grande pièce, se dérangea et l'on nous fit du feu. Tout ce qu'on put néanmoins nous donner à manger, ce fut un peu de miel et des œufs; il est vrai que, par surcroît, nous eûmes du café, de sorte que, avec notre pain et notre fromage, nous fîmes, en somme, un bon déjeuner. Comme Schaefer et moi nous avions une couverture imperméable attachée derrière notre selle, nous aimâmes mieux camper dans la cour, que de courir la chance de compagnons de lit incommodes. Quant au sieur Castan, il se fourra dans les draps du maître de la maison.

A six heures, nous étions de nouveau en route; les pauvres chevaux n'en pouvaient plus. A huit heures, nous fîmes halte près d'un petit ruisseau, et nous mangeâmes le restant de pain et de fromage, pendant que les bêtes paissaient librement. Nous voulûmes en outre faire du café dans une tasse d'étain; mais Castan, qui se prétendait un voyageur émérite, l'ayant renversé en le tirant du feu, nous dûmes nous contenter d'eau claire. En remontant en selle, notre guide nous dit que nous n'étions plus qu'à trois heures de Limasol et que nous y arriverions pour sûr avant midi.

Le pays était fort accidenté, avec beaucoup de lits de torrents dans les rochers. En plusieurs endroits il y avait des champs d'oliviers, où les paysans faisaient la cueillette des fruits ; ils usaient de singuliers moyens : mouchoirs, foulards, des bottes même, tout était mis à contribution pour cette besogne. Castan nous confia que, près d'un de ces champs, il avait dernièrement perdu un habit avec un peu d'argent et sa médaille de Crimée. Il était désespéré de ne pouvoir retrouver ces objets, et gaspillait un temps infini à interroger les gens sans résultat, en les menaçant de toutes les rigueurs de la loi.

Vers une heure, il nous dit que Limasol était encore loin, mais que nous étions près d'un village où nous pourrions trouver à manger et où il y avait une antique fontaine, curieuse à visiter. S'il avait été laissé à lui-même, il eût continué à errer au hasard. Fort heureusement, nous aperçûmes des vaches et d'autres indices d'habitations, et nous piquâmes droit devant nous, au travers d'une ou de deux ravines, où les vieux chevaux se conduisirent bravement. Quant à Castan, ne pouvant se résoudre à risquer une chute, il fit un long circuit par un chemin plus facile.

Le village fut bientôt atteint. Le chef prit pitié de nous ; il nous prépara un bon repas, œufs, pain, fromage, viande, tomates, lait, café, vin du pays, et donna du grain à nos chevaux. Pour le tout, nous le gratifiâmes de la modique somme de deux shillings, qui parut le satisfaire amplement.

Dans la cour s'élevaient quelques beaux amandiers,

et la maison, par sa propreté, contrastait fort avec celle où nous nous étions arrêtés dans la nuit. On faisait la récolte des caroubes en même temps que celle des olives, et tous les magasins semblaient en regorger. Après le repas nous allâmes voir la fontaine où Castan nous avait dit qu'il se trouvait une inscription antique. C'était un charmant petit endroit, avec une arche brisée, quelques pierres où les animaux venaient boire, une place pour permettre aux filles du village de remplir leurs amphores, puis des capillaires et des mousses en surabondance. Quant à l'inscription, elle était moderne, datant de la fin du siècle dernier. Tout cela figurait les restes d'un ancien couvent.

Quand les pauvres chevaux furent un peu reposés, nous nous remîmes en route pour Limasol. Chemin faisant, nous passâmes près de quelques vieilles ruines et de gros blocs de roche métamorphique, que notre guide n'hésita pas à nous donner pour des vestiges de constructions cyclopéennes ; toutefois j'incline fort à penser que ces débris étaient beaucoup moins vénérables qu'il ne le prétendait.

Ce ne fut que vers huit heures que nous atteignîmes Limasol ; tout, à notre arrivée, y était sens dessus dessous. Le fils aîné de Castan-Bey avait profité de l'absence de son père pour se rendre à Constantinople, et il s'était fait remettre par sa belle-mère tout l'argent de la maison. La pauvre femme se trouvait au lit avec un mal de dents, et le seul domestique du logis était une petite paysanne idiote.

Nous réussîmes à loger les chevaux dans une sorte de caravansérail, puis, après avoir soupé tant bien que mal, nous nous étalâmes sur des divans, l'unique genre de couche qu'il y eût céans.

Le matin suivant, nous examinâmes la collection qui

avait servi d'hameçon à Castan pour nous attirer à Limasol. Elle était réellement très curieuse ; mais il ne paraissait pas qu'aucûne velléité de classement eût jamais passé par la cervelle de notre hôte : têtes, torses, cruches, cristaux, tout était en un pêle-mêle effroyable. On n'avait même point essayé de séparer les objets de diverses provenances locales. Il y avait beaucoup de verre phénicien, rendu opalescent par le temps et devenu léger et fragile comme du papier. Les Croisés et les Vénitiens, au temps où ils occupaient Chypre, y avaient trouvé de ce verre en quantité et s'en étaient servis au lieu et place de leur lourde vaisselle de corne et de métal. Il est même probable que l'importance de ces trouvailles contribua à déterminer à Venise la fondation de ces fameuses manufactures qui, après un sommeil d'un siècle et plus, reçoivent aujourd'hui, sous le régime de la liberté politique, une impulsion nouvelle.

Nous eussions volontiers acheté cette belle collection ; par malheur, nous n'avions ni le temps ni les moyens de donner suite à notre désir, et je crains bien que cet ensemble de curiosités ne soit condamné à une destruction radicale, tant par la main de l'épouse de Castan que par celle de sa sotte servante.

Ledit sieur Castan ne parlait du reste de sa femme que sur un ton humilié et contrit, s'excusant fort de l'avoir épousée. « Mais que faire à Chypre? » disait-il. Et comme conclusion de ses jérémiades il ajoutait invariablement : « Si elle n'était pas honnête, je la mettrais à la porte. »

Pauvre femme ! nous la vîmes dans la crainte et le tremblement envers son seigneur et maître, qu'elle regardait évidemment comme un être supérieur et qui la traitait ainsi qu'une créature infime, à peine aussi bien que sa servante.

En allant visiter nos chevaux, nous les trouvâmes si fatigués, que nous crûmes devoir leur accorder encore un jour de repos. Nous les laissâmes donc aux soins d'un gardien et nous nous arrangeâmes pour retourner par mer à Larnaca. On nous avait affirmé que le vent de nuit était toujours favorable, ce qui n'empêcha pas que, dès le lendemain matin, n'étant encore qu'à mi-route de Zie, nous fûmes obligés, faute de brise, de nous arrêter dans une petite crique, où une sorte de caverne sur la rive nous servit d'abri contre les rayons brûlants du soleil. Les mariniers nous apportèrent d'un village voisin de quoi faire une omelette; du sel ramassé sur les rochers et une tranche de pain complétèrent notre déjeuner, que la faim assaisonna à souhait.

Le soir, nous démarrâmes de nouveau ; mais le vent n'était toujours pas meilleur, de sorte que, le matin suivant, nous prîmes le parti de débarquer à Zie ; là nous trouvâmes des mules et un guide pour gagner Larnaca.

Le bateau étant arrivé, toujours sans le n° 3, nous partîmes immédiatement pour Beyrouth, où nous arrivâmes le lendemain matin. Comme notre firman nous exonérait de la visite de la douane, nous pûmes débarquer sans difficulté et aller tout de suite chercher un gîte confortable à l'hôtel de l'Orient, tenu par M. Baseul.

CHAPITRE II

A BEYROUTH

I

A Beyrouth, notre premier soin fut de nous procurer des animaux pour nos personnes et nos effets.

Notre Chaldéen avait quelques amis chez les missionnaires. L'un d'eux, M. Georges Sabia, professeur dans les écoles anglaises, nous fut extrêmement utile. Il s'employa à nous trouver des domestiques et à régler toutes sortes de petits arrangements ; quant au Chaldéen, fastueusement affublé d'un habit noir, d'un casque à soleil, avec un col et des manchettes de papier, il ne faisait que se pavaner, et ne se montrait absolument bon à rien. N'était qu'il nous avait été recommandé à titre de polyglotte, et que nous espérions qu'une fois hors des villes il rabattrait quelque peu de sa suffisance, nous l'aurions certainement remercié sans délai. Nous trouvâmes encore d'autres amis pour nous aider dans nos préparatifs, et notamment un baron russe qui était descendu au même hôtel que nous et qui mit son drogman à notre disposition. Il eut même la bonté de me céder un cheval qu'il avait loué pour son usage.

Nous rencontrâmes aussi une grande cordialité chez

Beyrouth. — La rade.

la plupart des résidents, surtout chez le consul général italien et chez les membres du collège américain. Ceux-ci s'occupent beaucoup d'éducation et font au pays un bien immense. Les professeurs s'adonnent en outre aux recherches scientifiques, et leurs collections (une entre autres se compose de poissons recueillis dans les couches crayeuses du Liban) sont très complètes et des plus attrayantes.

Schaefer se procura un bon cheval pour treize livres; le mien m'en avait coûté douze : nous eûmes donc de la chance dans nos achats. J'appelai ma monture *le Comte;* celle de Schaefer reçut le nom de *Maçoud* (l'Heureux). Pour les bagages, les domestiques et le Chaldéen, nous louâmes des mules à des habitants du village chrétien de Zahlich, voisin de Balbek; coût: quinze piastres par jour et par animal. Pour ce prix, qui, nous le sûmes plus tard, était trop élevé, les muletiers devaient nourrir leurs bêtes, les charger, les décharger et dresser les tentes. Nous prîmes en outre un palefrenier pour nos chevaux, un cuisinier et deux domestiques. Notre caravane était, on le voit, assez importante.

Entre temps nous allâmes, en compagnie de M. Cornish, ingénieur, visiter les antiques sculptures égyptiennes et assyriennes qui se trouvent près de l'embouchure de la rivière du Chien, et nous donnâmes également un coup d'œil à tous les travaux de la distribution de l'eau à Beyrouth. Les sculptures, taillées dans le roc vif, et malheureusement exposées à l'air depuis des siècles, commencent à s'oblitérer sous l'action des eaux. Celles-ci, en filtrant, déposent sur leur surface une espèce de concrétion, qui, au bout d'un certain temps, se détache en emportant des fragments du rocher. Enlever ces sculptures de la place qu'elles occupent depuis tant de milliers d'années pourra paraître un acte de vandalisme ; cependant, si l'on ne s'y résout, il est certain que dans vingt ou trente ans il n'en restera plus que des vestiges à peine perceptibles. La même cause a déjà rendu illisibles bon nombre des inscriptions cunéiformes qui entourent les bas-reliefs assyriens ; rien ne peut arrêter les progrès de cette détérioration. Et si l'on ne veut point en opérer le transfert, du moins faut-il les détacher avec soin de la montagne et construire un petit bâtiment pour les y placer. Je crois pourtant que le meilleur serait de les réunir dans le collège américain, qui, en sa qualité de principal établissement d'instruction de Beyrouth, a le plus de droits à les recueillir.

De ces monuments de l'antiquité aux travaux de la distribution d'eau, il y a un saut de trois mille ans ; néanmoins les moulins des couvents maronites qui sont au bord de la rivière pourraient passer pour copiés sur les sculptures ninivites. L'eau destinée à la ville est prise au-dessus d'un solide barrage, et se dirige de là par un petit canal à l'établissement des pompes. Ces pompes sont mues par une turbine, que fait tourner la chute d'une partie de la rivière. Un travail de cinq à six heures par jour suffit à élever le volume d'eau dont on a besoin. Celui-ci arrive à la ville dans des tuyaux de fonte mesurant un parcours de neuf milles. Bien des gens qui, avant que l'eau passât devant leurs portes, se lamentaient pour en avoir, poussent aujourd'hui l'apathie jusqu'à n'en pas même profiter, et ce n'est pas seulement parmi la classe pauvre que l'on remarque cette indifférence.

Ce qui pourrait arriver de plus heureux pour la Compagnie des eaux, ce serait une bonne épidémie de choléra, ou quelque autre contagion de ce genre. Et c'est miracle qu'il n'y en ait pas eu encore à Beyrouth, où, malgré la présence de beaucoup d'Européens, on ne

Bas-reliefs assyriens.

prend pas la moindre précaution d'hygiène. Les Levantins, qui composent, il est vrai, la grande masse de ces soi-disant Européens, croient avoir assez fait pour civilisation quand ils se sont montrés habillés à la faç du *gommeux* parisien, avec leurs femmes mises à dernière mode de France et s'étalant à côté d'eux da des carrosses dont l'argenture flamboyante, maculée poussière et de boue, décèle le goût le plus déplorab

Parmi les Levantins il en est certainement qui ont aspirations vers un meilleur état de choses; mais ceu là sont une infime minorité. La plupart, sous ce min vernis de manières européennes, sont restés de pu Orientaux, et il en résulte souvent un contraste tr drôle.

II

Avant de quitter Beyrouth, nous allâmes faire u visite à Rustem-Pacha, gouverneur général du Liba qui se montra des plus aimables et des plus courto Dans la pièce où il nous reçut étaient deux énorm ours empaillés, qu'il avait tués après une lutte dése pérée, quand il était ambassadeur à Saint-Pétersbour Il paraissait plein de confiance dans la puissance reconstitution de l'Empire ottoman, et il nous dit av une pointe d'amertume que, sans certaines maladress et de « terribles » fautes, la Turquie, seule et sans appu eût pu venir à bout de l'invasion russe. Selon lui, l'É du Liban, depuis que les lois de 1860 avaient été am liorées, était des plus florissants : au flanc des montagn pas un pouce de terrain utilisable en terrasses qui fût cultivé; le seul revers de la médaille était d'abo l'hostilité jalouse entre Druses et Maronites, hostil destinée à durer aussi longtemps que les deux peupl seront en contact, et dont le premier n'est pas toujou le plus coupable; puis, le taux par trop restreint

Princesse druse et dame de Beyrouth.

l'impôt, qui ne peut fournir assez de fonds pour les routes et autres travaux publics.

La plupart des chrétiens ont des Druses une crainte superstitieuse, et il m'a été conté, de la meilleure foi du monde, une histoire qui tendrait à représenter ces gens comme des bandits altérés de sang. Un paysan chrétien qui faisait le commerce dans leurs villages jugea opportun d'adopter le vêtement druse, sans vouloir pour cela renier sa religion. Un jour, en un lieu où on ne le connaissait point, il fut invité à passer la nuit dans la maison d'un vieillard, qui justement était prêtre. Celui-ci, le voyant se coucher sans dire ses prières, lui en fit des reproches et lui demanda la raison de sa conduite. L'homme avoua son tort, mais il allégua pour excuse qu'on l'avait mal élevé et qu'il ne savait pas la façon de s'y prendre. Là-dessus le prêtre, entreprenant de l'instruire, débuta par une série d'imprécations contre quiconque n'était pas druse, et déclara que juifs, chrétiens, mahométans, tous, sans distinction d'âge ni de sexe, n'étaient bons qu'à tuer. Son hôte, terrifié, répéta la leçon; seulement il profita du sommeil du vieillard pour s'esquiver, et, arrivé au village maronite le plus proche, il changea de costume en jurant de ne jamais plus se déguiser en druse.

Au fond, les deux races se valent à peu près. Un Druse n'hésitera pas à faire un faux serment « sur sa barbe » (c'est sa formule d'attestation la plus solennelle). L'un d'eux en agit un jour ainsi avec un Français bien connu. Celui-ci l'avertit que, s'il mentait, il lui couperait la barbe à leur première rencontre. « J'y consens, » dit le Druse. Quelque temps après, l'autre s'aperçut qu'il y avait eu tromperie, et il résolut de se venger. Il en trouva bientôt l'occasion; à peu de temps de là, le Druse vint le voir au mont Liban, et, comme son mensonge lui était reproché, il le confessa en riant : « L'unique moyen de vous en imposer, c'était de prendre ma barbe à témoin. Eh bien, c'est ce que j'ai fait, et je suis prêt, au besoin, à recommencer. » Sur cette réponse, le Français, qui était un grand et solide gaillard, empoigna furieusement le trompeur, l'assit de force sur une chaise et le débarrassa prestement de sa barbe, en lui disant que, pour un bon bout de temps, il ne pourrait plus du moins se parjurer par elle.

L'aventure fit un tapage énorme. Le Druse traité de cette façon outrageuse vit toute sa famille embrasser chaleureusement son parti, et de discussions en menaces l'affaire fut portée devant le consul général de France, qui rétablit la paix entre les parties, à charge pour l'offenseur de payer cent livres à celui qu'il avait rasé avec si peu de cérémonie. Malgré cela, bien des gens disaient à Beyrouth qu'un jour ou l'autre le hardi Français payerait probablement de sa vie cette insulte faite à un Druse dans ce que son honneur a de plus délicat.

Quand les Maronites se soulèvent, ils se montrent moins violents que les Druses, mais la persécution a été si souvent pour eux une spéculation avantageuse, qu'ils aiment assez à provoquer leurs voisins. Quelquefois leurs provocations ne réussissent que trop bien, et Dieu sait s'ils crient alors à tue-tête ! Un autre obstacle à la prospérité du Liban, ce sont les moines ignorants qui y pullulent, et comme ces religieux détiennent les districts les plus fertiles, qu'ils ne payent pas d'impôts et font cultiver leurs terres par les paysans, il n'y a pas apparence que le nombre en décroisse. Dans les conditions où se trouvent actuellement le pays et ses habitants, les Turcs ne pourront jamais toucher aux couvents ; cependant il est de toute nécessité qu'on fasse une loi contre la mainmorte; sinon, la contrée entière finira par passer aux mains des bons frères, et la population rurale verra se resserrer encore le nœud de servitude qui l'étreint. Il est vrai que les jésuites, d'une part, et les missionnaires américains, de l'autre, luttent pour ramener les Maronites dans ce que chacun d'eux considère comme le giron du vrai christianisme, et cette compétition même est pour l'avenir un gage d'espérance, sans lequel l'horizon serait bien noir.

Après les massacres de 1860 et l'occupation française, aidée par les démonstrations navales de toutes les puissances intéressées à la question, on a beaucoup fait pour les chrétiens du Liban; malheureusement l'indemnité pécuniaire que le gouvernement turc a dû payer aux victimes leur a été, en somme, plus funeste qu'utile. Les gens qui avaient de l'argent à recevoir se sont fait faire des avances par des usuriers de Beyrouth; une fois dans leurs mains crochues, il ne leur a plus été possible de s'en retirer, et il en résulte qu'une grande partie de la propriété laïque dans le Liban est aujourd'hui engagée chez ces prêteurs. Or, puisque tous les États qui sont intervenus lors des troubles de 1860 ont le droit de surveiller, par leurs consuls généraux à Beyrouth, la stricte exécution des engagements contractés, ce ne serait pas trop leur demander que de les prier d'aviser aux mesures à prendre tant dans l'intérêt de la population que dans celui du gouvernement turc, et d'en imposer l'adoption à l'administration de la province.

CHAPITRE III

DE BEYROUTH A HOMS — LES RUINES DE BALBEK

I

Muletiers et domestiques engagés, nous quittâmes Beyrouth le lundi 28 octobre, sortant de la cour de l'hôtel d'Orient à onze heures du matin. Le baron et M. Macdonald, correspondant du *Standard*, vinrent en voiture pour prendre congé de nous jusqu'à un petit café situé dans le bois de sapins, rendez-vous favori des habitants de la ville.

La route française qui va vers Damas, et que nous suivions, est un admirable travail; les pentes par lesquelles on traverse la montagne sont remarquablement ménagées, eu égard à l'altitude et à la distance. Les péages exigés empêchent cependant la population d'user de cette chaussée, et l'on peut voir de longues files de chameaux, de mules et d'ânes cheminer péniblement à côté de la route, sur un sol plein d'aspérités et de crevasses. Ce qui montre bien, du reste, l'esprit routinier des indigènes, c'est l'opiniâtreté avec laquelle ils s'en tiennent au vieux mode de transport par bêtes de somme, au lieu de recourir aux voitures; les seuls véhicules à roues qu'on rencontre en chemin sont, avec la diligence qui fait un service quotidien sur Damas, les wagons à mulets appartenant à la compagnie.

A la montée, on jouit de points de vue agréables; çà et là sur les hauteurs apparaissent de petites villas enfouies dans la verdure et les fleurs; ce sont les maisons d'été des consuls et des négociants; en bas, au repli des vallées, se cachent de nombreux villages, qui de loin ont un air riant et paisible. Nous croisons en route un escadron qui rentre à Beyrouth. Quelle cavalerie! Des uniformes disparates et rapiécés, des hommes s'avançant sans ordre, à la débandade... Mais le Turc n'a jamais été bon soldat de cavalerie, et il ne le sera jamais, à moins que l'on n'apporte de grandes modifications dans le commandement; c'est son incomparable infanterie qui lui a valu ses conquêtes et qui a établi sa domination; aujourd'hui encore, à part l'ignorance des officiers, beaucoup de ses régiments de pied pourraient soutenir la comparaison avec ceux des puissances occidentales.

Au coucher du soleil, nous perdons de vue la mer, et, illusion ou non, nous croyons discerner à l'horizon de gauche la silhouette des monts de l'île de Chypre, dernier regard jeté par nous sur une terre anglaise. A l'altitude où nous sommes, l'air de la nuit nous paraît plus que vif, après les 80 degrés (F.) à l'ombre que nous venons d'avoir à Beyrouth; aussi ne sommes-nous pas fâchés d'arriver à la halte de Sofaa, où nous dressons notre tente, juste au point culminant de la route.

Le lendemain, nous nous remettons en marche de bonne heure, et nous commençons bientôt à descendre vers la plaine fertile de la Boka'a, territoire d'alluvion situé entre le Liban et l'Anti-Liban, et connu des anciens sous le nom de Cœlé-Syrie. Vers neuf heures, à mi-côte à peu près, nous rencontrons à un relais la diligenc française, curieux mélange de la France du dernier siècl et de la Turquie moderne! L'attelage se composai de mules et de chevaux, conduits par un postillon e pardessus à nombreux collets, mais la tête couvert d'un *kofia* arabe. Les voyageurs étaient des Turcs à tur bans, ou des Arabes enveloppés dans leurs burnous et n laissant voir de leur visage qu'un œil noir étincelant Bientôt après, nous distinguons une rangée de peuplier dans la plaine : c'est Shtaura, station sise à mi-chemin entre Beyrouth et Damas, et où il y a une hôtelleri tenue par un Français et sa femme.

Nous fîmes là un très bon goûter, et de plus nou eûmes de l'orge pour nos chevaux. Dans l'auberge s trouvait un Anglais, M. Rattray, qui cultive dans l voisinage quelques terres, dont il vante la fertilité. S femme vit avec lui, et il n'y a pas d'autre Européen au logis, de sorte que quand le mari s'absente, ce qui arrive souvent, elle ne doit compter pour sa sûreté que sur son courage et son intelligence.

Un jour parurent quelques *zaptiehs*, envoyés pour opérer une rentrée sur la propriété, à l'occasion d'une taxe en litige que M. Rattray avait refusé de payer jusqu'à ce que le litige eût été porté devant le consul anglais. Le maître n'était pas là; mais sa ménagère, sans se laisser intimider, barricada portes et fenêtres, chargea les armes à feu et dit aux gendarmes que, s'ils faisaient mine d'employer la force, elle tirerait sur eux. Les zaptiehs pensèrent que la prudence est la meilleure part du courage, et se retirèrent, en disant que tous les Anglais étaient des possédés et leurs femmes pires que les hommes des autres nations.

De Shtaura notre trajet se poursuivit le long de la vallée, par une route qu'on a commencé d'établir à

Vue prise dans le Liban. — Demeure du patriarche maronite.

l'instar de celle qui va sur Damas, mais qui est restée inachevée. Quelques petites traces d'entretien s'aperçoivent aux ponts indispensables; pour le reste, on n'en prend nul souci; on n'a pas essayé d'empierrer convenablement cette chaussée, si bien que tout le transit préfère passer d'un côté ou de l'autre.

Les gens du pays prétendent qu'on leur a extorqué pour cette route, qui est censée aller à Balbek, soixante mille livres turques, soit environ cinquante-trois mille livres sterling. Ce qui a été fait l'a été par corvées (chacun doit, aux termes de la loi, quatre jours de travail par an), et l'on n'a retardé l'achèvement de la voie que pour arracher de nouvelles sommes aux contribuables. Le gros de ce rançonnement est tombé sur les sectateurs le l'islam, presque tous les chrétiens ayant émigré au Liban.

Après avoir traversé Moualakka, grand village mahométan, nous arrivâmes à Zahlich, où nous reçûmes la visite d'un missionnaire américain, M. Dale. Comme ous ses confrères, il nous parut un homme bien élevé, nstruit, aimable, et dont le grand chagrin était le progrès que les jésuites font ici, concurremment avec les autres missionnaires catholiques, dans d'autres localités lu pays. Zahlich est un bourg prospère, entouré de vignobles et arrosé par des ruisseaux excellents. Les habiants, dont beaucoup sont muletiers, jouissent d'une bonne réputation. Les conducteurs de nos bêtes étaient ustement de l'endroit et profitèrent avec joie de cette ccasion de voir leurs familles. Il y a aussi des corleries assez nombreuses et de belles plantations de peupliers, essence qu'on emploie pour la construction des maisons à toit plat. Comme ces arbres poussent droit et ite, ils conviennent bien à cet usage; malheureusement e bois est tendre et se gâte facilement à l'air.

La marche suivante nous conduisit aux fameu ruines de Balbek, un des restes, à coup sûr, les p remarquables de l'antiquité. A l'aspect de ces pier colossales et de ces énormes colonnes, on est tenté attribuer l'érection à quelque race de géants dispar

De tout ce que j'ai vu en fait de reliefs du passé, I bek seul a surpassé mon attente. Burton et Warren décrit ces merveilleux vestiges bien mieux que je saurais le faire. L'histoire des siècles est écrite d leurs masses silencieuses, et, plus on les consid plus l'esprit est impressionné et comme écrasé.

Longtemps avant d'arriver, nous avions aperçu le jestueux alignement de colonnes dans le lointain, e spectacle avait peu à peu échauffé nos esprits jus l'enthousiasme, quand tout à coup, en entrant dan ville, nous vîmes nos rêves brutalement troublés une nuée de démons criant : *Bakchich!* le plus exécr des cris de l'Orient, et s'offrant à nous conduire à l'hô

Ombres du passé! dormir dans un hôtel à Ball Arrière cette pensée! Nous plantâmes donc notre t au milieu des ruines, près de celles d'une société d' ciers français, qui faisaient un voyage à travers la S et la Palestine.

Burton s'est efforcé de réveiller l'intérêt universe sujet de la préservation des ruines de Balbek; ma cela, depuis cinquante ans, plusieurs des princip rangées de colonnes ont disparu, et ces beaux débri sont pour les habitants de la ville qu'une carrière où prennent les matériaux de leurs maisons et des mur clôture de leurs champs. A la suite de la visite de I ton, on avait placé en divers endroits des crampon fer pour empêcher l'écroulement des blocs; beauc de ces armatures ont été enlevées à cause de la va du métal, et quelques-unes des énormes pierres

Balbek. — Ruines des deux temples.

sont une des étrangetés de l'endroit ont été brisées par le vandalisme des indigènes.

Ajoutons qu'aux jours brillants de l'islam une superbe mosquée avait été construite avec des débris d'anciens temples. Actuellement cet édifice est complètement ruiné, et la mosquée de la ville est aussi sale et aussi mesquine qu'il est possible de l'imaginer.

Bien qu'aujourd'hui, sauf dans le voisinage immédiat de Balbek, le pays soit entièrement nu, il est facile de se représenter le charme délicieux de cette contrée lorsqu'elle était couverte de bois, de parcs, de maisons de plaisance. Les différents styles d'architecture qu'offrent les ruines, à commencer par les pierres cyclopéennes, prouvent quelle a été pendant de longs siècles l'importance de la ville. Une de ces pierres, longue de quatre-vingts pieds, se trouve encore dans la carrière, prête à être enlevée ; une autre, de soixante-quatre pieds, fait partie de la troisième rangée dans l'appareil de la muraille sud; puis viennent les meilleurs types de l'art grec et romain, auxquels succèdent ceux de la décadence; et enfin les ouvrages des conquérants sarrasins, avec lesquels nous arrivons à la période relativement moderne des croisades. Pour qui sait les comprendre, ces pierres représentent l'histoire d'un millier d'années. Si les mânes des maîtres de l'œuvre qui ont élevé ces puissantes constructions viennent errer autour de leurs ruines, elles ont lieu certainement de s'enorgueillir des témoignages d'admiration que la vue de ces grandioses reliefs arrache aux touristes de notre époque; ce qui n'empêche pas une pensée attristante de gâter en nous ce sentiment de satisfaction esthétique : c'est celle des armées d'esclaves et de captifs qui, hélas ! ont gémi sous le fouet, pour édifier ces masses prodigieuses.

Le lendemain de notre arrivée, à neuf heures du

matin, des messagers nous annoncèrent que le cadi et *medjliss* (conseil municipal) allaient venir nous faire u visite. Bientôt après, en effet, nous les vîmes paraît dans toute la splendeur de leurs turbans et de leurs rob fourrées, anxieux de savoir si le chemin de fer n'alla pas immédiatement passer devant leurs portes, po leur apporter les produits de l'Occident et fournir a leurs un débouché.

Notre drogman, qui s'était vanté de parler le turc fond, fut bientôt dérouté; tout ce qu'il put faire, fut nous apprendre que ces gens venaient pour nous voi Heureusement que, parmi l'escorte de nos visiteurs, trouvaient un médecin et un employé du télégraphe co naissant le français; nous pûmes donc nous passer d services de notre interprète. L'estimation de ces brav gens sur le montant annuel de la production dans le di trict dont Balbek est le centre, paraîtrait tout à fa fabuleuse; cependant, même en faisant la part de l'ex gération, et en recourant à des chiffres plus authentique le calcul en est surprenant et démontre quelles larg perspectives commerciales présente cette contrée.

Presque tout le trafic actuel se fait avec les autr parties de l'Empire turc. Quoiqu'il n'y ait que quator heures de Balbek à la côte, les idées et les habitudes d pays sont du plus pur moyen âge.

Le télégraphe est presque exclusivement réservé à correspondance officielle, à laquelle, aux yeux des Turc il est merveilleusement propre; d'abord il dispense de corvée des lettres à écrire; en second lieu, c'est le pl admirable instrument du monde pour « boucher l'œil à ces chiens de *giaours*. Voici pour cela le procéd usuel. Est-on informé de quelque abus appelant une r pression immédiate, le consul ou le ministre europée dicte aux autorités centrales une dépêche, qu'un mess ger spécial adresse à l'employé compromis, et voilà la fureur de l'Européen apaisée. Quant au Turc, une fois seul, il remercie le ciel de lui avoir fourni ce moyen de se débarrasser de l'infidèle, et il télégraphie des instructions additionnelles absolument contraires à sa dépêche antérieure. Si la plainte se renouvelle, l'autorité centrale s'en réfère aux termes de son premier télégramme et affirme qu'il a dû être mal compris. Aussi, quoique l'Empire ottoman soit couvert de télégraphes, n'est-ce point là un signe de civilisation ascendante.

Après le départ des notables survint un personnage à l'aspect respectable, bien mis, portant le vêtement européen et le fez. C'était le propriétaire de l'hôtel de Palmyre, nouvellement installé pour la plus grande commodité des touristes passant à Balbek. Comme nous causions avec lui, un des muletiers se précipita dans la tente, nous racontant qu'une rixe avait éclaté entre ses camarades et quelques zaptiehs, et qu'on emmenait ces derniers au tribunal. J'envoyai voir ce qui se passait et je me préparais même à y aller en personne, lorsqu'on accourut m'annoncer qu'un de nos hommes venait d'être assassiné et que les mahométans s'apprêtaient à massacrer tous les chrétiens. En présence de l'effarement général, nous sautâmes aussitôt en selle, et j'eus soin de me munir de ma boîte pharmaceutique, pour le cas où, dans la rixe, épées et couteaux eussent été en jeu. Tout le monde nous suivit en criant. Un peu avant d'arriver au tribunal, je vis en effet un de nos muletiers étendu sur la route, sanglant et inanimé. Comme on me dit que le médecin du gouvernement était au palais de justice, j'y fis porter notre homme pour qu'on le pansât. Nous trouvâmes le conseil et le kaïmakan réunis, et la garde sous les armes. On nous reçut avec force saluts, chacun nous offrant ses bons offices. Le zaptieh coupable était déjà arrêté, et le jugement allait commencer sans d semparer.

Quand le muletier eut été remis aux mains du do teur, et que le cadi et le reste du conseil furent prêts procéder à l'enquête, nous nous retirâmes avec le ka makan dans l'appartement privé de ce fonctionnaire, po y prendre le café et les cigarettes : en Turquie, c'e l'indispensable préliminaire de toute chose. Le kaïm kan nous fit de prolixes excuses au sujet de l'incident, aussi sur le retard qu'il avait mis à nous rendre visit il nous dit que le zaptieh qui avait blessé notre homm ainsi que les deux autres gendarmes ses complice étaient la peste de l'endroit. C'étaient des Kurdes, l protégés d'un grand personnage de Damas, qui les ava envoyés à Balbek et qui, malgré force réclamations, r fusait de les en retirer ; aussi, comptant sur l'impunit nos gaillards ne faisaient que voler de toutes parts, d sorte qu'ils étaient la terreur de tous les gens paisibl de la localité, tant mahométans que chrétiens.

II

Ces explications reçues, nous rentrâmes avec le kaïma kan dans la salle de justice, laquelle offrait un aspe curieux. D'un côté se trouvait le blessé, dont le médeci avait lavé les plaies, mais qu'il ne pouvait panser, faut d'avoir ce qu'il fallait pour cela ; j'offris donc ma boîte Le docteur savait assez bien se servir des instruments, e avec un peu d'aide de ma part, le patient fut heureuse ment accommodé. Il avait reçu un terrible coup d'épée qui avait fait une blessure de cinq ou six pouces de long la pointe de l'arme lui avait ouvert le front, fendu le paupières, crevé un œil, et finalement coupé la joue e les deux lèvres.

Le cadi et le conseil étaient assis autour de la table. Le kaïmakan et moi, nous prîmes place sur un divan, et l'on amena les prisonniers, sous bonne garde. A l'autre bout de notre divan se tenait le docteur avec le blessé, et toute la pièce était encombrée de témoins et de spectateurs.

Jamais il ne s'est vu de plus singulier jugement : chacun gesticulait et criait; les accusés injuriaient le kaïmakan, le cadi, le conseil et tous les autres assistants, qui leur ripostaient sur le même ton ; à la fin, le tumulte fut tel, que je crus que le toit allait s'écrouler... Tout à coup le silence se fit, et tout le monde, prisonniers et gardiens, se mit à fumer des cigarettes; le principal accusé reçut même tranquillement une allumette de la main d'un des membres de la cour; puis, après une pause, quand la fumée du tabac eut quelque peu refait les poumons de chacun, il y eut une nouvelle explosion, et le tapage reprit de plus belle.

Je ne sais comment le greffier parvint à écrire son procès-verbal ; peut-être avait-il l'habitude de semblables scènes, et s'arrangea-t-il pour relater exactement les choses. Quoiqu'il y eût du sang tout frais sur leurs habits et leurs mains, quoique des cheveux fussent encore adhérents à l'épée de celui qui avait frappé, les prévenus juraient de leur innocence, affirmant sous serment que ce sang était celui d'un mouton. Je proposai alors qu'on coupât des morceaux de leurs vêtements et qu'on les soumît à l'examen de médecins européens, qui constateraient la nature du sang; mais le docteur du gouvernement, estimant avoir une belle occasion de montrer son savoir, affirma que c'était inutile, et que, séance tenante, il allait se prononcer.

Effectivement, après un simple coup d'œil, il déclara que ces marques provenaient de sang humain ; heureusement que, par surcroît, un officier qui se trouvait sur les lieux au moment de la lutte avait vu porter le coup. Les accusés demeurèrent donc dûment convaincus; mais il restait encore à débattre la question de provocation, avant de rendre l'arrêt. Comme nous sortions du tribunal, nous nous vîmes entourés d'un groupe de chrétiens, qui nous suppliaient de ne pas quitter Balbek avant que la sentence eût été prononcée et que les zaptiehs eussent repris le chemin de Damas. Autrement, disaient-ils, la peine ne sera pas appliquée; on s'empressera de relâcher les coupables, et, nous une fois partis, il y aura une attaque générale contre les chrétiens.

Ces braves gens semblaient d'ailleurs enchantés de l'aventure, prévoyant à ce sujet une série d'embarras pour les autorités, auxquelles on aurait l'occasion de faire payer de vieilles rancunes. Notre drogman s'était mis de leur bord, et je sus, par la suite, qu'il s'était fait leur collaborateur pour l'élucubration d'un rapport destiné aux journaux de Beyrouth, où toute l'affaire était fortement exagérée et où les autorités de Balbek étaient taxées d'incivilité, bien qu'en réalité leur conduite eût été d'une parfaite courtoisie. Ces fonctionnaires s'étaient en effet mis en quatre pour nous, et le kaïmakan ne voulut point nous laisser retourner à nos tentes avant d'y avoir envoyé une garde de soldats réguliers, pour prévenir tout risque d'intervention de la part des amis des prisonniers. Je m'empressai du reste de démentir ce rapport, dès que j'en eus connaissance.

Le lendemain matin, nous reçûmes la visite du kaïmakan, qui nous exprima de nouveau ses regrets à propos de l'incident de la veille, et nous dit, ce que nous savions déjà, qu'il avait fait recueillir le blessé dans la maison d'un chrétien respectable, en donnant l'ordre au médecin de le soigner. Au moment où il nous quittait, parut précisément ce docteur : il venait nous demander des remèdes et des bandages. Si nous avions fait droit à toutes ses requêtes, notre provision entière y eût passé. Ensuite arriva l'hôte du blessé, qui s'adressait à nous pour être payé de sa peine, quoique notre « ami » le kaïmakan nous eût assurés que les dépenses seraient supportées par le gouvernement. Après lui survinrent le père et la mère du blessé, qui avaient été appelés de Zahlich, et qui se mirent à nous baiser les pieds et les mains, Dieu sait pourquoi, nous couvrant de bénédictions et se répandant en imprécations contre le zaptieh turc. Nous leur promîmes de faire tout ce qui dépendrait de nous pour que la justice eût son cours, et que les coupables fussent emprisonnés et punis, ce qui nous valut une nouvelle bordée de bénédictions et d'embrassades; puis le père se rendit près des mules de son fils, pour remplacer celui-ci dans notre cortège.

On nous avait parlé d'un maître d'école indigène qui avait été quelque peu témoin de la querelle de nos gens et du zaptieh; nous décidâmes d'aller le trouver. C'était un catéchiste de la Mission américaine à Zahlich, vieil ami de notre drogman et, par surcroît, possesseur d'une très jolie femme, dont notre Adonis chaldéen prétendait être ou avoir été adoré; en tout cas, il n'y parut aucunement. L'homme, interrogé, sembla ne tenir ses informations sur la rixe que de seconde main; peut-être aussi ne voulait-il pas servir de témoin contre un mahométan. L'origine de la querelle était, d'après ce que nous pûmes comprendre, l'achat d'un peu d'huile par un enfant chrétien. Notre muletier, qui était présent, avait cru s'apercevoir que le boutiquier fraudait l'enfant. Le Turc et le chrétien avaient alors commencé à s'injurier, à maudire leurs religions réciproques, leurs pères, leurs mères, et tout ce qui, par un effort d'imagination, pouvait être considéré comme ayant avec eux quelque rapport. Au milieu de ce conflit de paroles avait paru le zaptieh, qui avait empoigné notre homme, pour s'être permis d'injurier un vrai croyant. Le muletier, confiant dans la protection du pavillon anglais, avait refusé de se laisser mener au tribunal, et avait demandé à être conduit à notre camp. Le Kurde alors avait tiré son épée et fait mine de vouloir s'en servir ; un officier, survenant, lui avait intimé l'ordre de rengainer ; mais, au lieu d'obéir, le zaptieh avait frappé le muletier. Quand il fut bien constaté qu'il avait été l'agresseur, ce qu'il avait d'abord nié avec énergie, il prétendit que l'officier lui avait ordonné de frapper son adversaire, et non de remettre son arme au fourreau : sur quoi l'officier, un bon vieux inoffensif, avait été mis aux arrêts ; on ne le relâcha qu'après que nous eûmes été entendus.

Nous allâmes ensuite chez le kaïmakan, que nous trouvâmes assis à l'ombre de sa vigne, dans le jardin de sa maison, et nous eûmes avec lui, par l'intermédiaire de l'employé du télégraphe, un nouvel entretien, dont les méfaits des trois zaptiehs turcs firent les frais.

Le soir, nous dînâmes à l'hôtel de Palmyre, dont le confortable et l'excellente cuisine nous surprirent ; de la galerie du premier étage, pavée de marbre, on jouit d'une vue magnifique sur les ruines.

Quelques jours après, pendant lesquels je souffris d'une attaque de fièvre d'Afrique, le procès des zaptiehs fut enfin terminé. Chacun d'eux se vit condamné à un emprisonnement plus ou moins long : le plus coupable en eut pour deux ans; une escorte venue tout exprès de Damas les conduisit au lieu de détention. Mais je sus plus tard par M. Malet, secrétaire d'ambassade à Constantinople, qui avait visité Balbek après nous, qu'on avait presque aussitôt relâché nos gredins, qui avaient recommencé de terrifier la ville. Dans l'intervalle le kaïmakan avait été déplacé, et, comme les zaptiehs avaient été condamnés du temps de son prédécesseur, le nouveau fonctionnaire n'avait pas le droit de les arrêter et de les renvoyer à Damas. M. Malet, en passant dans cette dernière ville, avait en outre découvert que c'était le directeur même de la prison, un Kurde ami des trois chenapans, qui, sur la nouvelle du changement de résidence de notre digne kaïmakan, que l'on avait transféré à Homs peu de jours après l'emprisonnement des zaptiehs, s'était empressé de donner à ceux-ci la clef des champs. M. Malet avait obtenu de Son Excellence Midhat-Pacha, alors wali de Damas, qu'ils fussent de nouveau arrêtés et incarcérés; mais, comme leur camarade était toujours commis à la garde de la prison, il n'est pas douteux qu'ils n'aient été encore relâchés.

Il nous fut remis une copie du jugement, que nous adressâmes aux autorités consulaires. Le kaïmakan agit de son mieux à l'égard du blessé, auquel il fit allouer une indemnité pendant tout le temps où il resta incapable de travailler, et qu'il fit soigner par le docteur.

De notre côté, nous remîmes une gratification à ce dernier et un petit présent à la mère du muletier; après quoi, toutes choses se trouvant réglées, nous reprîmes le cours de notre voyage, accompagnés par un zaptieh détaché pour nous servir de guide et d'escorte. Comme beaucoup de ses camarades, c'était un fort brave homme: il avait servi en Crimée et s'y était souvent trouvé en contact avec les Anglais, pour lesquels il avait une grande considération.

Le but de notre première étape était Lebweh, situé à environ dix-sept milles de là. Au sortir de Balbek, on trouve nombre de tombeaux et de cavernes artificielles; plus loin, la vallée, quoique coupée de petites collines formant la ligne de séparation entre le bassin de l'Oront et les rivières coulant au sud, est fertile et bien cultivée On a très habilement utilisé les ruisseaux qui tombent d la montagne ; dans beaucoup d'endroits cependant, le fossés d'irrigation sont mal entretenus ; on ne songe les réparer que quand cela devient absolument nécessaire Près de notre campement, à Lebweh, étaient les tente noires de quelques demi-nomades, habitant la partie plu au nord de la vallée. Ces gens passent dans leurs village la saison du travail agricole et, le reste de l'année ils errent en quête de pâturages pour leurs nombreu bestiaux.

Le matin suivant nous vit de bonne heure en route ; l pays devient plus ouvert, à mesure que la dépression entr le Liban et l'Anti-Liban atteint, en s'élargissant, les plai nes fertiles dont Homs est entouré. La route court à plat le long d'un petit cours d'eau soigneusement canalisé, d manière à fournir la chute motrice d'un moulin ; aprè quoi la canalisation recommence jusqu'à un autre mouli inférieur. Ces moulins sont extrêmement anciens. A certaines époques, le canal sert aussi à irriguer des terrain situés sur la rive orientale. De chaque côté de la chaussée, on aperçoit des troupeaux considérables et les campements de leurs propriétaires. Ceux-ci profitent du canal pour laver leurs moutons et leurs habits, ce dernier article pas plus souvent qu'il ne faut.

Dans l'après-midi, nous atteignîmes un village riche e florissant, où le cheik nous offrit le café et le narguilé, pendant qu'on dressait nos tentes. Comme nous étion assis devant sa porte, passa une troupe de cavaliers circassiens, les premiers que nous eussions aperçus depuis Beyrouth. C'était l'avant-garde d'un ban d'émigrants qu'on attendait de Tripoli, et qui devait s'établir dans quelques villages abandonnés du voisinage. On ne pouvait s'empêcher de considérer avec quelque intérêt ces hommes expulsés de leur patrie, pour la seconde fois en vingt-cinq ans, par la haine implacable des Russes. Cependant, vu leur réputation de sacripants, réputation malheureusement trop justifiée, comme nous eûmes occasion de le vérifier par la suite, il nous eût paru plus prudent de ne les lâcher ainsi dans le pays qu'après leur avoir préalablement ôté leurs fusils Winchester et leurs autres armes.

Le cheik vint nous rendre notre visite dans notre tente, avec un autre personnage qui se disait le médecin de la localité. Nous apprîmes de lui, avec surprise, que toutes ces populations rencontrées par nous chemin faisant, et qui, avec leurs tentes, leur bétail et leurs chevaux, nous avaient paru être des Arabes nomades, étaient des chrétiens possesseurs de villages et de maisons, et exerçant, pendant une partie de l'année, le métier de laboureurs. Dans la bourgade où nous étions, nommée Kaht, ils étaient en train de bâtir une vaste église, avec les pierres d'un vieux château du moyen âge, à moitié ruiné.

Le médecin était un type curieux de rusé charlatan. Il avait une teinture de français et d'italien. Il se vantait de s'être instruit tout seul, et d'avoir pour les fièvres malignes un remède infaillible, consistant en un extrait de plantes qui poussent au bord des rivières, mais qu'il refusa de nous faire connaître. Le cheik et lui ne voyaient pas sans inquiétude l'établissement des Kurdes dans leur voisinage. Ces hommes en effet sont des musulmans fanatiques, quoique très peu pratiquants, et se livrent volontiers au brigandage.

Au nord de Kaht s'étendent des plaines ouvertes et bien arrosées, avec de nombreux villages, dont quelques-uns ont conservé des vestiges de fortifications et de tours. Beaucoup d'entre eux, aujourd'hui déserts, sont appelés à devenir la propriété des Circassiens. En certains endroits, on préparait la terre pour y semer de l'orge; dans d'autres, on moissonnait le blé d'Inde; tout cela respirait la vie, et une vie paisible, très peu d'accord avec les idées préconçues qu'on se fait de l'état des chrétiens en Turquie. Mais, à K'sehr, notre halte suivante, nous trouvâmes que tout n'allait pas aussi bien que pouvaient le faire penser ces apparences pacifiques.

Le blé d'Inde venait d'être ramassé et l'on s'occupait à le battre pour que le collecteur des taxes pût le mesurer et percevoir les droits. Le collecteur, un aimable et intelligent garçon, qui parlait très bien le français, était un ancien élève du collège français de Beyrouth. Il nous dit que la population était littéralement écrasée. Outre le surcroît d'impôt établi pour l'exemption du service militaire, surcroît qui pèse sur les chrétiens, lesquels forment du reste ici presque toute la masse des contribuables, la dîme et les autres taxes se montent à trois livres par tête, et en retour le gouvernement ne fait absolument rien. Il arrive souvent que les vrais Arabes nomades, qui vivent un peu à l'est et appartiennent à la tribu des Aneizehs, viennent demander aux villageois de l'orge et d'autres grains pour eux et leurs chevaux, et de gré ou de force il faut les satisfaire. Aux moments d'abondance, on leur donne généralement sans difficulté, afin d'éviter de plus grands ennuis; mais, quand la nécessité les y oblige, les propriétaires cachent leurs approvisionnements et refusent de s'en dessaisir. Les Arabes se vengent alors en enlevant le bétail. Tout récemment encore ils venaient de voler quatre chevaux à K'sehr. Inutile d'aller se plaindre à la ville, les pillards y ont des amis haut placés, et le gouvernement, voulût-il les châtier, n'en aurait pas les moyens.

De K'sehr à Homs le pays est plat, très propre à la culture de l'orge. La vue des sillons creusés à perte de vue m'a rappelé ce qu'on dit de ces fermiers canadiens qui en tracent de si longs, que c'est assez d'une tranchée de cette sorte, avec le retour au logis, pour occuper la journée de travail d'un homme et d'un attelage de bœufs.

Nous eûmes là un comique échantillon du courage de notre féroce Chaldéen.

Schaefer et moi, nous chevauchions en avant. Le Chaldéen était à moitié chemin entre nous et les mules, quand nous entendîmes quelques coups de fusil en arrière. En nous retournant, nous aperçûmes du monde et de la fumée près des bêtes, de sorte que nous revînmes sur nos pas au galop et dîmes, en passant, à notre drogman de nous suivre.

Arrivés à nos gens, nous reconnûmes que le groupe d'étrangers était une noce escortant la mariée vers sa nouvelle demeure et brûlant de la poudre en signe de réjouissance. Cherchant alors des yeux le Chaldéen, nous l'aperçûmes au loin, ayant mis pied à terre et cherchant à se cacher derrière son cheval. Quand nous l'eûmes rejoint, nous lui demandâmes pourquoi, au lieu de nous accompagner, il s'était enfui. Il prétendit n'avoir pas entendu de coups de feu et ne nous avoir pas compris quand nous lui avions dit de tourner bride; il était tout bonnement descendu de cheval parce qu'il se trouvait fatigué et qu'il voulait marcher un peu; ce qui ne l'empêcha pas de remonter dès qu'il n'y eut plus apparence de danger.

Au moment d'arriver à Homs, nous rencontrâmes un officier et une demi-douzaine de zaptiehs à cheval, envoyés pour nous faire escorte, et qui, après la fantasia ordinaire des galopades en rond et la décharge des armes à feu, nous indiquèrent un bon endroit pour dresser nos tentes. Ils nous laissèrent ensuite quelques-uns d'entre eux à titre de garde d'honneur et retournèrent annoncer notre arrivée au kaïmakan.

CHAPITRE IV

HOMS ET TRIPOLI

I

Homs, l'antique Émesse, est située un peu au nord du lac du même nom, au centre d'une plaine fertile bien arrosée par le Nahr-el-Asy. Au temps de la conquête arabe, Homs partageait avec Balbek la suprématie sur les villes du pays. Elle put mettre en ligne, contre les hordes envahissantes commandées par Khaled, cinq mille cavaliers bien équipés et un nombre proportionné d'hommes de pied. Elle arrêta même un instant la marche du fanatique musulman, et, sans les ruses de l'assaillant, elle eût pu tenir jusqu'à l'arrivée de Manuel, qui s'avançait vers le sud avec les troupes impériales et soixante mille Arabes chrétiens sous les ordres de Jabalah, qu'une querelle particulière avait jeté dans le camp opposé à celui de ses coreligionnaires. La lutte, commencée sur les rives de l'Yermouk, fut longue et terrible, et il fallut longtemps au courage et au fanatisme des Arabes pour l'emporter sur les armes et la discipline supérieures des Grecs. Une fois battues, les troupes de Byzance ne trouvèrent plus de point de ralliement et, quoique beaucoup de places fortifiées eussent continué de résister vaillamment, le succès n'abandonna plus les conqu-rants.

Cette bataille d'Yermouk donnerait lieu à un curieu parallèle historique. Les femmes arabes, placées à l'a-rière-garde, y ramenèrent au combat, avec des coups des flots d'injures, ceux de leurs guerriers qui tentaie de fuir. De même à Inkerman, les vieilles femm écossaises accablèrent d'imprécations gaéliques et c coups de bâton les Turcs qui se sauvaient de leu redoutes, à l'arrière de la brigade des Highlanders.

Le discours de Khaled à son armée, avant la bataill fut court et énergique. « Le Paradis est devant vous, l diable et l'enfer sont derrière : battez-vous bien, vo aurez l'un ; sauvez-vous, vous tomberez dans l'autre. Propos peu aimable, soit dit en passant, pour les dam arabes.

Depuis douze cent quarante ans que Homs obéit au mahométans, elle est tristement déchue de sa splendeu primitive. Il n'en reste guère comme témoignage qu la colline artificielle qui formait jadis la citadelle, l ruines d'une ancienne porte, à plus d'un demi-mille d la chétive muraille d'enceinte de la cité, puis des mor-ceaux de colonnes brisées, des fragments de chapiteau sculptés, épars çà et là au milieu des constructions d la ville moderne.

Malgré tout, Homs est encore importante et rich Vingt mille habitants vivent dans ses murs. Cinq mill sont chrétiens, tout le reste suit la loi du Prophèt Parmi les chrétiens, on compte environ trois cents catho-liques romains et grecs; cinquante suivent l'enseigne-ment d'un catéchiste indigène entretenu par les missio-naires américains de Tripoli ; le reste se compose d Syriens et de Grecs; il existe aussi quelques maronite

Le Nahr-el-Asy, qui coule près de la ville, sert à irri

Pont sur l'Oronte, près de Homs.

guer des jardins et des plantations considérables de mûriers, dont les feuilles nourrissent d'énormes quantités de vers à soie. Le bruit des grands dévidoirs sur lesquels on roule la soie, et que font ordinairement mouvoir des mules, se fait entendre jour et nuit, et nous fûmes quelque temps avant de pouvoir nous rendre compte de ce qui produisait ce bourdonnement monotone. Le coton pousse aussi sur les rives du Nahr-el-Asy; comme la soie, il est travaillé sur une grande échelle et débité aux Arabes et autres indigènes. On fait également à Homs de bons tapis, ressemblant beaucoup à ceux de la Perse et qu'on vend à très bon marché. L'exportation vers la côte consiste principalement en orge, cuir et laine, et atteint un chiffre annuel de quarante mille livres sterling.

Dès notre arrivée, nous devînmes le point de mire d'une foule de curieux, parmi lesquels il y avait beaucoup de Circassiens, gens dont on nous avait prévenus de nous méfier comme de larrons de la pire espèce.

Notre tente une fois dressée, des messagers vinrent nous demander quand nous serions prêts à recevoir les visites. Nous réclamâmes quelque peu de répit pour prendre un bain et pour dîner. Notre drogman était très préoccupé de sa toilette en cette occasion. Il voulait produire au jour le frac, les cols et les manchettes de papier à l'acquisition desquels avait passé le plus clair de l'argent que nous lui avions avancé pour s'équiper.

Le premier visiteur fut le kaïmakan, avec une petite suite d'autres personnages officiels. Il nous apprit que le wali de Damas était de passage à Homs, revenant de Constantinople, où il avait été pour affaire.

Comme nous causions encore avec lui, le signor Luca Gabrielli, un Italien natif de Chypre, qui habitait Homs depuis trente ans, vint nous offrir de loger chez lui, où des chambres étaient préparées pour nous; le kaïmaka nous avisa de son côté qu'on avait engagé l'évêque exercer l'hospitalité envers nous. Nous crûmes néan moins plus sage de refuser l'une et l'autre invitation e de rester dans nos tentes sans perdre de vue nos bête et nos bagages.

Après le départ du kaïmakan, nous nous rendîme chez Djedvet-Pacha, wali de Damas, que nous trouvâme dans une maison particulière, sans aucun apparat d gardes ni d'escorte. Comme tous les Turcs haut placés il fut très poli et prévenant, et nous parla de nos projets Ses notions en fait de chemins de fer étaient des plu vagues, et il ne nous parut pas aussi intelligent qu d'autres pachas avec lesquels nous avions causé sur l même sujet. Cependant sous cette simplicité apparent il ne devait pas manquer d'une certaine adresse, car so administration de la province de Damas, en dépit de l guerre russo-turque, avait, du moins dans les idée turques, fort bien réussi. Peu de temps après notre rencontre, il fut remplacé par Midhat-Pacha, et, lorsqu ensuite Kheïreddine-Pacha devint grand vizir, Djedve obtint le poste de ministre du commerce, pour utilise sans doute les capacités financières dont il avait fai preuve à Damas.

Le lendemain matin, nous commençâmes par aller au marché, où l'on nous avait dit que nous pourrions peut-être nous procurer une paire de bons chevaux à un prix modéré; mais nous eûmes beau fendre la presse en tout sens, nous ne vîmes à vendre que de mauvais bidets appartenant à des Circassiens, qui en demandaient des sommes exorbitantes. Les Circassiens offraient aussi des buffles et des moutons, et, comme il n'était guère probable qu'ils les eussent amenés avec eux sur les bateaux encombrés qui les avaient transportés d'Europe en Asie, il est à croire que, depuis leur arrivée, ils s'étaient quelque peu laissés aller à leur esprit de pillerie naturel. Nous nous assîmes un instant, pour jouir du coup d'œil, dans un petit café, en face duquel se tenait le marché. Le maigre Circassien à l'œil famélique, avec son manteau de peau de mouton, son habit à longs pans, ses rangées de petites cartouchières sur la poitrine, et l'arsenal complet qui ornait sa ceinture, tranchait sur la foule des Juifs, des Turcs et des Arabes. Hommes et enfants détaillaient à tue-tête les perfections de leurs animaux; néanmoins, malgré tout ce bruit, il se faisait peu d'affaires. Comme nous considérions tranquillement cette scène en fumant un narguilé et en buvant une tasse de café, plusieurs membres du conseil de ville vinrent s'asseoir près de nous, et nous dirent que, si nous avions besoin de chevaux, ils en enverraient à notre campement dans la journée pour nous les faire voir. A propos du chemin de fer projeté, ils insistèrent vivement sur l'intérêt qu'il y avait à prendre Tripoli pour tête de ligne; en cela ils songeaient visiblement avant tout à leurs avantages et à ceux de leur ville; cependant leur conversation dénotait chez eux une intelligence du sujet très supérieure à ce qu'on aurait pu attendre de gens qui n'avaient jamais vu de railway.

Dès que nous fûmes rentrés chez nous, ces conseillers vinrent nous faire leur visite en règle; après eux parut l'évêque, en compagnie de son état-major, dans lequel il se trouva quelqu'un parlant très bien le français. Le prélat était un bel homme, d'aspect bienveillant, ne sachant trop rien dire, à part d'abondantes offres d'hospitalité. Lorsque nous le questionnâmes sur la condition des chrétiens, il nous répondit qu'à Homs ils n'avaient pas à se plaindre d'être plus maltraités que les autres, bien qu'en somme ce fût chose irritante que d'être toujours regardé comme une race inférieure. A l'évêque succéda fils de Djedvet-Pacha, qui venait nous rendre notre visi de la part de son père, qui, dans quelques heures, parta pour Damas.

On amena plusieurs chevaux pour nous les montre mais on en demandait des prix ridicules. Le bruit s'éta répandu que nous étions chargés d'en acheter pour que que gouvernement, et que nous les payerions comme l avaient payés précédemment les agents de divers sou verains, tels que, par exemple, ceux du feu roi Victo Emmanuel, de l'impératrice d'Autriche et de l'empereu de Russie.

Aussi, pour des bêtes très ordinaires, nous demandai on trois ou quatre cents livres sterling. Le dernier chiffr de rabais fut soixante livres pour un animal que je vou lais payer douze. L'écurie de Djedvet-Pacha partit u peu avant lui. Nous y vîmes de superbes bêtes; que ques-unes en bon état, douées d'une ossature et d muscles excellents. Le seul défaut était dans l'épaul trop droite, défaut commun d'ailleurs à presque tou cette race asiatique. Je crois que le cheval arabe a été fo détérioré par l'excès de sélection, depuis l'époque d Mahomet et surtout depuis trente ou quarante ans. J ne puis mieux faire, du reste, que de renvoyer ceux qu ce sujet intéresse au livre de lady Anne Blunt, *les B douins de l'Euphrate*, qui énumère les différents cara tères spéciaux à la race pure, et où toutes les questior d'élevage sont traitées avec soin.

Il nous fallait maintenant rendre les visites. Nou eûmes le plaisir de n'avoir à aller que chez le kaïmaka et chez le signor Gabrielli. Le conseil de ville n'était pa en session; quant à l'évêque, on l'avait envoyé cherche pour une noce, et il ne devait revenir que le lendemair La visite au kaïmakan fut traînante et insipide; en re vanche, chez le signor Gabrielli, nous trouvâmes une jolie maison meublée dans le style oriental, avec deux belles chambres qui avaient été préparées pour nous. Il nous offrit du café, des pipes, des sucreries de diverses espèces, et s'informa avec beaucoup de sollicitude de la marquise d'Ely, qui avait demeuré chez lui quelque vingt ans auparavant et lui avait envoyé comme souvenir, à son retour en Angleterre, un hanap d'argent. Cet Italien paraissait aussi très singulièrement préoccupé de la dame anglaise connue hors de Syrie sous le nom de lady Digby, et qui a épousé un cheik arabe, ou plutôt un Arabe que l'argent de sa femme a élevé ensuite à la dignité de cheik. Comme lady Digby a une grande maison et un jardin dans les faubourgs de Homs, elle est naturellement l'objet de l'intérêt général. A l'époque de notre passage, cette maison était close, et lady Digby en habitait une autre qu'elle possède à Damas. On raconte sur elle beaucoup de choses étranges. La plus curieuse est qu'elle possède le secret de la jeunesse éternelle, et que, bien que septuagénaire, elle a la beauté et la force d'une femme de vingt-cinq ans. Si elle a réellement ce secret et que plus tard il lui prenne envie de quitter son foyer oriental, elle trouvera facilement à Londres de l'occupation et des bénéfices, aujourd'hui que Mme Rachel s'est temporairement retirée des affaires.

Comme nous prenions congé, le signor Gabrielli nous présenta sa femme et ses filles, belles personnes natives du pays, magnifiquement vêtues et parées. Jamais de ma vie je ne me suis senti si gauche que quand elles voulurent absolument me baiser les mains.

De retour au campement, nous trouvâmes le zaptieh qui devait nous guider jusqu'à Tripoli, et tout fut préparé pour un départ matinal.

Le lendemain, nous fûmes assez embarrassés de savoir

si nous devions donner quelque chose à l'officier (*yu: bachi*, ou capitaine) aux bons soins duquel nous avio été confiés. Après délibération, nous crûmes préférab de nous abstenir; nous avions constamment frayé av lui sur le pied de l'égalité, quoiqu'il eût mieux aimé ma ger à son aise avec les domestiques que de partager not table. Par la suite, nous découvrîmes que nous avio commis une grosse bévue, et qu'il était dans les conv nances de toujours récompenser les officiers. D'après tarification régulière, notre homme eût dû recevoir u souverain, et, s'il eût eu le grade de *bimbachi* (major une livre d'or. Avec leur faible solde, constamme arriérée et payée en *caïmés*, quand elle est payée, c pauvres gens sont vraiment bien excusables, d'auta plus que c'est bon gré mal gré que beaucoup d'entre eu ont embrassé cette carrière.

Une course de deux milles à travers les jardins de la vill admirablement irrigués, nous conduisit à un barrage qu retient, en vue de l'arrosage, les eaux de la rivière. O s'en sert comme de pont. En temps de crue, le passag est des plus dangereux; néanmoins les cavaliers attardé qui viennent du côté opposé à la ville n'ont pas le choi du chemin, et il n'y a d'ailleurs aucun abri à plusieur milles sur la rive. Il se produit souvent, dans ce cas, d petites ruptures dans le barrage, ruptures que l'ea cache et qu'on ne peut découvrir qu'en sondant avec de perches. Les chevaux et les mules ont à les franchir a hasard. Il arrive bien des fois qu'ils ne réussissent pas e qu'ils sont noyés.

Immédiatement après avoir traversé la rivière, nou arrivâmes à une vieille route romaine. Par une pent très douce et très facile elle nous conduisit au faîte de collines qui séparent la plaine d'Homs de celle de la Bu- kei'a. Nous fîmes halte pour la nuit à Hadeedy, d'o

Ruines de Kalaat-ibn-Hosn.

nous pouvions voir la Bukei'a. Au-dessous de nous et à notre droite, Kalaat-ibn-Hosn, ancien château fort devenu prison d'État, et où plus d'un pauvre diable est condamné à mener une misérable existence. Kalaat-ibn-Hosn date des temps les plus reculés. On suppose que ses premiers fondateurs furent des Égyptiens d'avant Moïse, qui le construisirent après avoir vaincu la peuplade nombreuse et puissante des Hittites. Il y reste encore quelques vestiges de l'architecture égyptienne. Tous les maîtres successifs du pays, Grecs, Romains, Sarrasins, Croisés et Turcs, ont laissé des marques de leur passage dans cet important castel, qui jusqu'à ces derniers temps était regardé comme la clef des routes menant des villes du littoral à l'intérieur du pays. En dehors de ce fort proéminent, mainte petite tour perchée sur les sommets des montagnes, d'autres même, telles que Sofita, mieux munies encore, montrent avec quel soin jaloux on gardait ce chemin.

D'énormes files de chameaux venant de la côte nous croisaient à chaque instant ou étaient rattrapées par nous. Quelques-unes comptaient plus de cent têtes. Je me souviens qu'une fois, arrivé au chiffre de cent cinquante, je m'embrouillai en voulant dénombrer en même temps les conducteurs et leurs bêtes. Le va-et-vient de ces caravanes semblait confirmer ce qui nous avait été dit de l'importance du trafic entre Homs et la côte.

Notre tente fut dressée, pour la nuit, à côté d'une fontaine, près du village de Hadeedy, non loin de l'endroit où reposait une des caravanes. Notre repos fut des plus désagréablement troublé par les batailles des chacals sur les carcasses des chameaux qui, tombés le long de la route et déchargés de leurs fardeaux, avaient tâché d'arriver au campement pour y expirer. On voit souvent des vautours et d'autres oiseaux de proie, perchés sur des rochers voisins, attendre la mort des malheureuses bête tandis que des chiens sauvages, des chacals et des r nards leur tirent et leur mordent les jambes ava qu'elles aient rendu le dernier souffle. Il existe à c égard une indifférence singulière chez les indigènes, q ne sont pourtant pas cruels et sont plutôt, en génér bons pour leurs animaux.

Ils semblent ne pas se douter qu'il vaut mieux mett fin à la vie d'une bête que de la laisser périr sur le bo du chemin, d'une mort lente et douloureuse. J'ai dépen plus d'une cartouche pour achever le supplice d'une ces pauvres créatures.

En descendant de Hadeedy, nous passâmes près quelques beaux chênes verts, et nous traversâmes Nahr-el-Kebir (la Grande Rivière) sur un pont romai appelé Djisr-A'chan, juste au point où la rivière sort Wadi-Khaled, ainsi nommé parce que c'est de ce cô qu'on vit apparaître le terrible étendard à l'aigle noir Khaled, quand celui-ci, à la tête de cinq cents Arabe accourut secourir Abdallah ibn Djaafer, gendre d'Ab Bekr, le premier calife. Abdallah venait de souten une lutte inégale contre cinq mille cavaliers forma l'escorte nuptiale de la fille du préfet de Tripoli, lorsqu Khaled et ses soldats arrivant, la victoire fut bient décidée; la dame avec ses quarante suivantes fit part du butin.

La Bukei'a est une plaine admirablement belle fertile, close de tous côtés par les monts, et d'où Nahr-el-Kebir s'échappe au sud par une gorge étroit Nous traversâmes une seconde fois la rivière près d'u vieux pont romain, le Djisr-Kama'a, détruit par la foud depuis peu d'années. A propos de ce pont, le vieu zaptieh qui nous avait été donné pour guide nous dit « Jadis il y avait des sultans qui se souciaient du peupl qui faisaient des ponts et des routes. Maintenant il n'y a plus de sultan, et celui qui porte ce nom n'aime pas le peuple. Il prend son argent et il ne fait ni ponts ni routes. Mais, quand les Anglais viendront, tout cela changera et nous aurons derechef des ponts et des routes. Inshallah ! »

Nous franchîmes les collines par la route moderne, plus courte que la voie romaine. Passant à travers un semis de chênes rabougris qu'on décore du nom de forêt, nous gagnâmes par une pente raide les plaines qui s'étendent des montagnes à la mer. Un rapide galop nous conduisit à notre campement, sur le bord du Nahr-el-Kebir, à l'endroit où il sort du défilé, et sur lequel se trouve encore un pont romain. Nous étions là près d'un moulin à farine et d'un vaste édifice nommé Khan-el-Bek, construit sur l'escarpement de la rive pour la commodité des voyageurs et où les maçons travaillaient. En l'absence du propriétaire, qui habite Damas, nous demandâmes vainement à son représentant de nous céder une des nombreuses oies qu'on voyait errer à droite et à gauche. Ces volatiles étaient, paraît-il, réservés à l'usage exclusif du maître, et l'employé ne pouvait prendre sur lui de nous en vendre. Il nous donna en revanche du café et des pipes, pour tuer le temps jusqu'à l'arrivée de nos mules et de nos bagages, qui se firent attendre une bonne heure.

Le matin suivant, nous décidâmes, Schaefer et moi, d'aller bon train jusqu'à Tripoli, en laissant en arrière notre convoi sous la conduite du Chaldéen. Celui-ci se rebiffa d'abord, criant qu'il était un *gentleman* et que la place d'un *gentleman* n'était pas avec les bagages. Nous eûmes vite fait de le remettre à sa place, mais il était clair que le gaillard cherchait à abuser de notre bonté et qu'une crise était proche.

A six heures et demie, nous partîmes donc de Homs avec notre zaptieh, galopant joyeusement à travers la plaine et laissant à la garde des mules le vieux muletier de Balbek. Bientôt les tours et les min rets d'El-Mina devinrent visibles, s'élevant au-dessus de la mer, de l'autre côté d'une vaste baie. Nous traversâmes des villages entourés de cultures; puis, passant une ou deux petites rivières, ainsi que le Nahr-el-Barid (Rivière Froide), que surmonte un beau pont romain, nous entrâmes dans les jardins et les vergers d'oliviers de Tripoli. Nous nous arrêtâmes un instant pour faire souffler nos chevaux sous un arbre ombreux, près d'un puits à l'onde cristalline, voisin d'une ancienne mosquée qu'on appelle aujourd'hui la mosquée d'Ayécha. C'était jadis le couvent de Saint-Jean-de-Padoue. Le puits était rempli de grosses carpes, que les musulmans considèrent comme sacrées. La légende est que, pendant la guerre de Crimée et même lors de la dernière guerre contre les Russes, beaucoup de ces poissons ont été miraculeusement changés en soldats, qui ont été se joindre à l'armée turque. Quand, à la suite de grandes pluies dans la montagne, l'apport des boues colore en rouge l'eau du puits, les pauvres gens du pays attribuent ce fait à la blessure ou au trépas d'un de ces soldats-poissons. Quiconque mangerait de ces carpes serait sûr de mourir; ce qui n'empêche pas les chrétiens de la montagne, sans doute peu convaincus de la chose, d'en voler chaque fois qu'ils peuvent déjouer la surveillance.

Nos chevaux reposés, nous allâmes tranquillement jusqu'à la ville, où nous dénichâmes après de longues recherches la maison de M. Blanche, lequel réunissait en sa personne les fonctions de vice-consul de France et d'Angleterre et d'agent des Messageries maritimes. Nous trouvâmes auprès de lui et de Mme Blanche, sa sœur,

Tripoli. — Vue générale.

une aimable hospitalité, en attendant l'arrivée de nos mules. Celles-ci une fois arrivées, nous établîmes notre campement au haut d'un petit bastion, près d'une claire fontaine et d'un grand café, d'où l'on jouissait d'une vue splendide sur la mer, les jardins et les pentes septentrionales du Liban.

II

Notre caravane n'était arrivée qu'à cinq heures et le Chaldéen ne nous avait rejoints que plus tard encore. A nos questions il répondit qu'il avait été souffrant; les domestiques firent la même réponse; néanmoins je m'aperçus bien qu'il y avait quelque anguille sous roche. Je remis à l'avenir le soin de m'éclairer et je ne soufflai mot. Au coucher du soleil, Chakir-Bey, un Cypriote gouverneur de la ville, vint s'asseoir près de nos tentes et nous invita à prendre le café avec lui. Plusieurs autres personnages ne tardèrent pas à se joindre à la réunion; tous paraissaient enchantés de l'acquisition de Chypre par l'Angleterre.

Le matin suivant, tout le *medjliss*, ou conseil de ville, vint nous voir. Beaucoup de ses membres étaient chrétiens, bien élevés, parlant couramment le français. Tous étaient enthousiasmés du chemin de fer, déclaraient que Tripoli était la seule tête de ligne possible et offraient la concession gratuite des terrains, malgré la valeur des jardins et des champs d'oliviers qui avoisinent la ville. Un des plus intelligents, Nicolas-Bey-Nasouf, un ex-membre du Parlement turc pour Tripoli, nous communiqua très librement ses idées. A Tripoli, disait-il, les chrétiens avaient peu à se plaindre; ils étaient aussi bien représentés dans le conseil que les mahométans. Pour les lois et les règlements, beaucoup étaient excellents en théorie; mais en pratique la machine gouvernementale fonctionnait d'une manière horrible. Lui, Nasouf, ne voulait pour maître ni le Turc ni le Russe, et, tant qu'on ne pourrait se débarrasser du premier, il se déclarait satisfait de la mise à exécution des idées de réforme sous la surveillance anglaise. Le véritable avenir de ses rêves était une confédération, empire ou république, avec une représentation libre et l'égalité religieuse. Il serait, suivant lui, facile aux puissances de réaliser cette conception. Jusqu'à l'éclosion d'une nouvelle classe gouvernante, il regardait comme nécessaire la présence de consuls, de magistrats et d'officiers de gendarmerie européens, que les indigènes pourraient remplacer au fur et à mesure des progrès de la civilisation.

Les membres musulmans du conseil, assis tranquillement, fumaient leurs narguilés et leurs cigarettes, tout en dégustant à petites gorgées leur café. Leur conclusion invariable était celle-ci : « La guerre est finie, et l'Angleterre va venir nous aider. Grâce à elle, de meilleurs jours luiront pour nous. Inshallah! »

Après le départ de ces braves gens, les muletiers et les domestiques vinrent me dire qu'ils avaient à me parler au sujet de leur arrivée tardive de la veille; ce que voyant, le Chaldéen s'empressa de prendre le premier la parole :

« Monsieur, me dit-il, vous êtes un gentleman, et je sais que vous aurez pitié de moi. »

Ici une pause. « Quoi? qu'est-ce? allons! » fis-je, après un instant d'attente.

« Monsieur, je voudrais bien avoir un peu d'argent.

— Pourquoi faire?

— Oh! monsieur, monsieur, hier j'ai tiré sur un homme!

— Tiré sur un homme ! Comment avez-vous fait? où est-il ?

— Il n'est pas blessé, monsieur. Mais hier, ayant aperçu quelques tentes, j'y suis allé demander du lait ; je me suis assis et j'ai pris mon revolver. Je ne le croyais pas chargé. Je le montre et voilà qu'il part, touche un homme entre deux doigts et entame la peau. J'étais désolé ! Je me mets à pleurer, je prends cet homme dans mes bras, je l'embrasse ; mais on ne veut pas me laisser partir si je ne paye. J'emprunte de l'argent à Daher (le palefrenier) et à Halil (le chef muletier) ; je paye et je m'en vais. Maintenant Daher et Halil veulent que je les rembourse. »

Je me sentais si furieux, que je m'abstins de rien répliquer pour l'instant. Je donnai l'argent nécessaire et j'allai trouver Schaefer. Je le mis au courant, nous envoyâmes chercher Daher et Halil pour avoir leur version sur l'affaire, et nous sûmes d'eux la vérité. Le drogman était allé aux tentes avec le zaptieh de Balbek et avait demandé du lait. Les gens voulaient qu'il le leur payât ; mais il leur avait reproché leur manque d'hospitalité et ils avaient fini par lui donner ce qu'il demandait. Lui et le zaptieh étaient descendus de cheval, s'étaient assis et avaient bu. Notre imbécile de Chaldéen avait alors pris son revolver pour montrer, par la possession d'une arme pareille, quel personnage de marque il était, et il avait commencé à en faire voir le mécanisme (sa prétendue ignorance du fait que l'arme était chargée ne pouvait être qu'un mensonge, car l'arme était à charge apparente) : tout à coup le pistolet part et enlève le doigt d'un des assistants. Les compagnons de celui-ci sautent sur le Chaldéen, le désarment, en font autant du zaptieh, qui veut s'interposer, et le battent. Le Chaldéen profite de la rixe pour se remettre en selle et se sauver. Arrivé près des mules, il les fait arrêter et, sauf un homme qu'il laisse à la garde des animaux, il prend tout le monde avec lui et revient vers les tentes. Les Arabes s'étaient un peu calmés, de sorte qu'après quelque marchandage les choses s'arrangent moyennant une indemnité de quatre napoléons, que le Chaldéen emprunte à Daher et à Halil; puis notre drogman prie les gens de ne nous point parler de l'aventure, se réservant de le faire lui-même le lendemain matin. Mais les autres, ayant su qu'il ne nous avait rien dit, prennent peur et se décident à venir nous informer de la chose, ce qui force le coupable à faire la confession que j'ai dite.

Schaefer et moi, nous nous consultâmes, et nous résolûmes de ne point souffler mot à notre homme jusqu'au soir, de manière à bien mûrir notre décision.

Dans l'après-midi, nous fîmes diverses visites, une entre autres aux écoles américaines dirigées par miss Thomson (fille du docteur Thomson, auteur du livre : *The Land and the Book*) et une autre dame.

Revenus au campement, nous y trouvâmes M. Blanche, sa sœur et une jeune demoiselle en visite chez eux. Nous organisâmes aussitôt un thé, et M. Blanche, ancien officier de marine et homme fort instruit, prit grand plaisir à examiner ma collection d'instruments.

Pendant que nous causions, le Chaldéen parut, s'assit et, sans même ôter son chapeau ni se faire présenter, essaya d'entrer en conversation avec les dames. Après le thé, nous nous installâmes dehors et jouîmes de l'air délicieux du soir et d'un magnifique coucher de soleil, jusqu'à ce que la rosée vînt rappeler à nos hôtes qu'il était temps de se retirer.

Bientôt après, nous nous mîmes à table. Le Chaldéen paraissait avoir complètement tourné au Turc, car il continua à garder son chapeau. Quand le domestique vint pour le thé, je trouvai la boîte presque vide, et je demandai qui en avait pris.

« Appelez tous vos gens, dit le Chaldéen ; je saurai bien leur faire confesser la vérité. »

Comme depuis quelque temps déjà nous le soupçonnions très fortement lui-même de fourrager dans nos provisions, je trouvai la chose un peu forte et je décidai que le moment était venu de lui administrer une correction. Je renvoyai les hommes de service et, fermant les portes de la tente, je commençai par lui rappeler que, de son propre aveu, il nous avait fait un mensonge la veille, et que de plus il avait engagé nos gens à nous en faire un ; j'ajoutai que, si pareille chose se renouvelait, nous le congédierions et qu'il ne fallait pas qu'il se donnât de si grands airs : le chapeau sur la tête, en présence de dames et à table, n'était pas de mise parmi les gentlemen européens ; que s'il désirait, comme cela paraissait évident, être considéré et traité en Européen, il fallait qu'il en eût les manières ; que si, au contraire, il lui suffisait d'être considéré et traité en indigène, il n'avait qu'à adopter le fez, qu'il pourrait toujours conserver, si cela lui faisait plaisir. Il nous répondit en ôtant son chapeau, sorte de coiffure à moitié militaire, avec une jugulaire, et dont il était très fier. Schaefer et moi, nous crûmes alors plus opportun de le laisser à ses méditations pendant que nous prendrions le café.

Mais ne voilà-t-il pas qu'un peu plus tard, comme nous rentrions à la tente, notre homme vient à moi, m'interpelle et me reproche de l'avoir rendu la risée de tous les domestiques. Sur ma réponse que c'est lui-même qui s'est attiré ce traitement, il commence par se mettre à larmoyer ; ensuite, jouant l'indignation, il devient d'une telle impertinence, que je finis par l'avertir que, s'il continue, je vais le jeter hors de la tente ; j'ajoute qu'à partir de ce moment il peut se considérer comme renvoyé. Cela le calme instantanément. Notre gaillard avait pensé que ce serait pour nous un gros embarras que de nous priver de ses services. Le lendemain matin, au moment de faire son paquet, il tourna encore autour de nous comme s'il attendait quelques signes de regret de notre part. N'en apercevant aucun, il lui fallut bien prendre courage et nous demander une mule afin d'emporter ses affaires. On la lui fournit volontiers, et non seulement on le paya jusqu'au moment de son départ, mais on lui donna en outre de quoi regagner l'Angleterre en seconde classe.

Après son départ, nous reçûmes la visite d'un joli enfant, aux joues roses, parlant fort bien le français et l'anglais, et qui nous parut si agréable et si distingué de manières, que Schaefer me dit lorsqu'il nous quitta : « M'est avis que si nous avions cet aimable gamin pour remplacer notre imbécile de drogman, nous n'aurions pas à nous en repentir. » Nous ne nous doutions pas que ce désir viendrait à se réaliser. Le reste de la matinée se passa à errer par la ville et à examiner les bazars, les curieuses petites boutiques, les longues rues étroites, toutes couvertes d'arcades et chichement éclairées par des ouvertures grillées, chacune consacrée à un genre spécial de trafic. Les ruisseaux nombreux, les fontaines, les ânes, les Circassiens, les Arabes, les gens de la ville, les paysans de la montagne, les porteurs d'eau, les pèlerins, les derviches, les moines, tout cela constituait le curieux aspect d'une ville orientale, qui, malgré ses rapports constants avec l'Occident, n'avait pas perdu son parfum de vétusté. A part quelques fonctionnaires ou quelques Turcs modernes en costume semi-européen, Tripoli est restée ce qu'elle était au temps où Youkenna, le traître et le renégat, s'en empara par trahison, en 639. Ce

Tripoli. — Château de Raymond de Saint-Giles.

fut la prise de Tyr et de Tripoli par ledit Youkenna qui découragea l'empereur Constantin et lui fit abandonner ses possessions d'Asie pour se réfugier avec sa famille et ses trésors à Constantinople, qui devint le quartier général de l'empire d'Orient jusqu'à sa chute. Cette même Tripoli fut à peu près la seule cité importante qui demeura aux musulmans quand les conquêtes de l'empereur Zimiscès rendirent pour un moment à la chrétienté Alep, Homs, Damas et presque toute la Syrie. On sait que ce fut la possession de ces ports de mer qui permit aux Arabes de réunir les flottes grâce auxquelles la domination du croissant put s'étendre sur l'Afrique, l'Espagne, la Sicile et même le midi de la France.

De retour aux tentes, nous trouvâmes MM. Hardin et Jessop, venus pour nous inviter à un lunch. Nous allâmes donc à El-Mina, où ils demeuraient, faisant une promenade à travers les jardins et le long des rives de la baie. Nous passâmes la tour des Lions et deux autres vieilles tours, construites avec les restes d'édifices plus anciens encore[1], de minces colonnes grecques servant de chevrons pour supporter les planchers des différents étages. Ces tours tombent en ruines : celle des Lions contient une fabrique de cette grossière poterie rouge qui joue un si grand rôle dans toute la vie orientale.

L'aimable intérieur de M. et Mme Hardin nous reposa pour un moment de notre vie sous la tente. Après le lunch, nous fîmes une visite à miss Thomson, qui, au cours de la conversation, se prit à nous dire : « Quelle bonne chose ce serait que vous pussiez prendre Gabriel

1. Parmi ces monuments, un des plus curieux est le château de Raymond de Saint-Giles, qui date du commencement du douzième siècle. On y visite avec le plus vif intérêt les portiques, les terrasses et les cours. L'ensemble de la forteresse ressemble d'une manière frappante, au château des Papes à Avignon.

el-Haddad pour interprète!» Gabriel se trouvait êtr notre jeune connaissance du matin, et l'idée énoncée fu bientôt mise à exécution. Son frère aîné, jeune mé decin fort intelligent, ancien élève du collège arménie de Beyrouth, parla de la chose à ses parents. La mèr eut bien de la peine à se décider, mais elle finit par s sacrifier à l'intérêt évident de son enfant, et, dès que l jeune garçon fut prêt, nous quittâmes Tripoli, escorté jusqu'à la mosquée d'Ayécha par nos excellents amis.

CHAPITRE V

AU VILLAGE DE TEL-KALA'ACH — LA TRAVERSÉE DU LIBAN HAMAH

I

Pendant notre séjour à Tripoli, nous avions renvoyé les zaptiehs venus avec nous de Balbek et de Homs. A leur place, nous avions maintenant deux frères qui devaient nous indiquer dans la montagne les passages de la vieille voie romaine vers l'intérieur. Cette chaussée fait suite à une autre qui courait le long de la côte, de Beyrouth à Tripoli et à Latakieh. Aussitôt que nous fûmes sortis de la ville, nous commençâmes le travail que j'avais en vue, et qui était une étude de la route.

La seconde soirée que nous passâmes à Khan-el-Bek, il ne nous fut pas possible de trouver de l'orge pour nos chevaux, maintenant au nombre de quatre; car à Tripoli nous en avions acheté deux autres, dénommés par nous *le Pacha* et *Zaptieh*. Que faire ? Le gardien du khan assurait n'avoir aucune provision. Le meunier disait que toute celle qu'il avait lui était confiée pour la moudre, et qu'il ne pouvait nous en fournir. Nous étions enfermés dans ce dilemme, quand vint à passer une file de chameaux chargés de grains pour un marchand de

Tripoli. Les conducteurs, malgré nos prières, refusant obstinément de nous en céder, un de nos zaptiehs prit sans façon une des bêtes par la bride, la força de s'agenouiller et lui enleva sa charge. Comme nous nous récriions sur la violence du procédé, le zaptieh répondit en riant que l'homme ne cherchait qu'à conclure un marché avantageux. Le chamelier se mit en effet à injurier le gendarme, l'accusant de lui avoir gâté sa cargaison, et bref il nous livra l'orge demandée. Nous la payâmes grassement, sans préjudice d'un présent pour le conducteur, qui poursuivit son chemin très satisfait.

La nuit fut troublée par de continuelles alertes. Toutes les demi-heures le cri de : *Arrahmy! arrahmy!* (les voleurs!) se faisait entendre. J'ai quelque propension à croire que c'étaient autant de fausses alarmes, destinées à nous donner une haute idée de la vigilance et du zèle de nos domestiques et des zaptiehs. Un de ceux-ci poussa même, une fois, un immense hurlement, prétendant avoir reçu une pierre qu'on lui avait lancée d'un arbre. Quand j'allai près de lui, il me pria de ne pas tirer dans la direction où les brigands étaient censés se trouver. Il se disait d'abord très légèrement blessé et montrait des taches de boue sur son vêtement blanc; quant à la pierre, il fut impossible de la retrouver. Comme le frère de notre homme avait disparu juste à ce moment, je soupçonnai le couple de nous avoir joué la comédie. Du moins nous tinrent-ils leur promesse de nous montrer la route à travers les montagnes, et le matin suivant nous étions à la besogne dans les vallées de Eyne-Soody et de Kara-Chibôk, qui, se réunissant à moitié de leur longueur, forment une montée facile vers le village de Tel-Kala'ach, le point le plus haut entre la Bukei'a et la mer.

En beaucoup d'endroits, la vieille route romaine est

excellente et capable de servir d'assise à un chemin de fer; dans d'autres, la déclivité en est, on le pense bien, trop raide pour une locomotive; nulle part, toutefois, la pente n'aurait à excéder un cent-cinquantième, et avec très peu de travail ce chiffre pourrait encore être réduit. La montagne est si boisée et le sentier tellement sinueux, qu'il était très difficile de se maintenir en relation des différents points choisis comme sommets d'angles. J'avais à descendre de cheval toutes les dix minutes, quelquefois plus souvent, de sorte que, mon compagnon et moi, nous éprouvions la plus vive satisfaction de rentrer au campement. Là je rédigeais mes notes et recevais des visites, tantôt celles de marchands de grains établis dans le village, tantôt celles du jeune cheik local. Les dignes négociants se déclaraient enchantés d'un chemin de fer arrivant jusqu'à leur district, mais peu désireux de le voir pousser plus avant, parce que, dans ce cas, le commerce, aujourd'hui concentré entre leurs mains, leur échapperait et ne leur donnerait plus de bénéfices. Dans l'état actuel, ils font de très brillantes affaires, ils achètent tout le grain des villages voisins, au même prix que celui des contrées beaucoup plus éloignées de la côte, et, comme ils ont peu de transport à payer, ils gagnent beaucoup d'argent. Un chemin de fer aboutissant à Tel-Kala'ach ne pouvait, disaient-ils, qu'accroître encore leurs avantages; mais ils ne se souciaient pas de le voir favoriser le trafic de leurs concurrents plus lointains. Il ne nous servait de rien de leur dire que le pouvoir absorbant de l'Europe, et spécialement de l'Angleterre, pour les céréales était si considérable que le marché ne courait aucun risque d'être encombré; qu'au contraire, avec des transports à bon marché, la Turquie d'Asie pourrait redevenir ce qu'elle avait été jadis, le grenier du monde. Rusés, âpres au gain, sans largeur de vues, ils étaient incapable de s'élever au-dessus de leur intérêt étroit et immédiat Quand ils nous quittaient, le jeune cheik restait à cause et à s'émerveiller de toutes choses. Toutes les fois qu nous donnions à nos domestiques l'ordre de nous pro curer un objet, il l'envoyait chercher chez lui, avec l large esprit d'hospitalité des Arabes ses ancêtres. I était extrêmement simple, et nous découvrîmes bientô qu'il était, ainsi que tous ses concitoyens du village complètement à la merci des marchands, qui leur avaien avancé de l'argent et étaient devenus ainsi peu à peu, comme cela se pratique partout, leurs vrais maîtres, les tenant corps et biens et ne s'arrêtant dans leurs exactions que juste à temps pour ne pas tuer la poule aux œufs d'or. Je réussis, malgré tous ces dérangements, à faire ma besogne et à obtenir des renseignements sur notre itinéraire du lendemain. Le mieux était de prendre par Hadeedy. J'avais eu l'idée de gravir le Wadi-Khaled pour voir s'il ne fournirait pas un passage plus facile vers le lac d'Homs, à quelques milles au-dessous de cette ville ; mais on me dit que cette vallée se réduisait très vite à un simple ravin, puis à un lit de torrent, sur la pente nord du Liban.

Partis de bonne heure, nous trouvâmes une pente douce et facile vers la Bukei'a, et, le soir, nous atteignions Hadeedy, après avoir mis fin aux souffrances d'un chameau qui s'était cassé la jambe. Son maître l'avait tout bonnement abandonné sur la route, et il parut fort surpris, par-dessus le marché, de nous voir user une cartouche pour achever le pauvre animal.

A Hadeedy, nous reprîmes notre ancien campement, et de là une pente douce nous conduisit vers l'Oronte. Comme le gibier d'eau abondait ici, nous nous donnâmes le plaisir d'une petite chasse; puis, traversant la rivière, nous gagnâmes la ville d'Homs à travers les jardins.

Le lendemain dimanche, en faisant nos comptes avec Gabriel, qui avait été instruit par sa mère à tenir les livres du ménage et qui connaissait le prix de la viande et des légumes, nous découvrîmes que nous avions été systématiquement volés jusqu'ici, soit par le Chaldéen, soit par le cuisinier, soit par tous les deux à la fois.

Nous en avions bien déjà un soupçon; aussi, maintenant que nous étions débarrassés de l'un des deux fripons, résolûmes-nous de surveiller l'autre de près.

II

Le lundi matin, après avoir expédié en avant les domestiques et le bagage, nous nous dirigeâmes d'abord vers le tumulus artificiel qui avait été jadis la citadelle d'Homs. L'appareil extérieur de la maçonnerie est encore visible en quelques endroits; dans d'autres, il a été arraché. Au sommet subsistent des restes de colonnes et des ruines de fortifications sarrasines, bâties avec les matériaux de constructions romaines. Avec la porte dont j'ai parlé ci-dessus, c'est tout ce qui atteste la grandeur passée de cette antique cité d'Emesse, que Gibbon nous dit avoir été une des fières et splendides métropoles de la Syrie au temps des Césars, témoin ces vers du poète Rufus Avienus :

. . . . Emessæ fastigia celsa renident.
Nam diffusa sola latus explicet; ac subit auras
Turris in cœlum nitentibus : incola claris
Cor studiis acuit. . . . .
Denique flammicomo devoti pectora soli
Vitam agitant, Libanus frondosa cacumina turget,
Et tamen his certant celsi fastigia templi.

Si Homs a été réellement plus belle que Balbek, c devait être une cité singulièrement magnifique. Aujou d'hui la citadelle sert de carrière aux habitants, et ell m'a fourni, à moi, un bon sommet de triangulation.

Comme nous nous remettions en chemin, nous croi sâmes le premier véhicule que nous eussions vu sur l route, à part les deux voitures qui font le service entr

Chariot de Circassien.

Tripoli et El-Mina. Ses roues pleines, taillées dans des troncs d'arbre, n'étaient rien moins que rondes. Il étai chargé du mobilier d'un grand gaillard de Circassien, qui faisait de telles enjambées, que les deux bidets attelés au chariot étaient obligés de se maintenir à une sorte de trot pour suivre l'allure de leur conducteur. A Tel-el-Beesy, où nous arrivâmes bientôt, le village apparent se composait principalement de magasins à grain. Presque toute la population, à l'exception du cheik, vit dans des caves creusées sous les constructions, en forme de ruche, où l'on conserve les céréales. Du toit de la maison du cheik, située au point culminant de la localité, nous pûmes voir fort loin à la ronde et établir un bon sommet de triangulation. Jusqu'à Homs le pays est parfaitement uni ; il en est de même au nord jusqu'à Rusta, où la vallée du Nahr-el-Asy coupe l'aire de la plaine. De toutes parts se montrent de vastes espaces cultivés. Pour le moment, les paysans étaient en train de labourer, les uns avec des bœufs, les autres avec des mules, quelquefois avec des bœufs et des mules attelés côte à côte.

Sur tous ces champs nouvellement remués volaient des nuées d'ortolans. Nous en tuâmes beaucoup, ainsi que des pluviers, assez même pour en donner à nos muletiers et à nos domestiques. Les ortolans étaient si abondants, qu'au bout de quelque temps nous trouvâmes que ce n'était plus la peine de descendre de cheval pour les chasser. Les pluviers étaient plus difficiles à approcher ; aussi cette chasse nous amusait-elle davantage. Pendant toute la journée, nous vîmes passer des caravanes de Circassiens se dirigeant vers le sud avec des troupeaux de bétail et de chevaux, et leur pauvre matériel de ménage empaqueté sur des mules ou des ânes. Je cherchai à découvrir quelques spécimens de ces fameuses beautés circassiennes ; mais, quoique presque aucune des femmes ne se cachât la figure, il n'y en avait pas une qui ne fût laide et flétrie, sans nulle trace de charmes antérieurs. Quelques petits garçons et de petites filles avaient seuls la fraîcheur de l'enfance. Les hommes ressemblaient beaucoup aux Irlandais de bas étage qui infestent les environs de Glasgow et de Liverpool ; ils avaient le même regard furtif, moitié rusé, moitié idiot.

A Rusta, l'Oronte coule dans une vallée étroite et profonde, qu'il s'est creusée à travers la plaine; la vieille route romaine et son pont témoignent du nombre de siècles qu'il a fallu pour produire ce résultat, car tous deux sont encore au niveau voulu. Autour de la misérable cité actuelle, beaucoup de restes de colonnes jonchent le sol sur une grande étendue. Un monticule fait de main d'homme, qui s'élève au sommet d'un promontoire où était jadis située la ville, désigne l'emplacement de l'antique citadelle de cette éminence. Nous apercevions Homs et Tel-el-Beesy au sud, et la citadelle de Hamah au nord. Notre campement était établi au milieu d'une enceinte rectangulaire entourée d'écuries voûtées pour les mules et les chevaux, et ayant au centre un petit édifice à toit rond, qui passe pour une ancienne mosquée. Ces constructions, de même qu'une partie du pont, sont attribuées à Ibrahim-Pacha.

De Rusta nous gagnâmes Hamah ou Hamath [1], vieille cité de tout temps connue sous le même nom, comme Jérusalem et Damas. Elle est mentionnée au huitième chapitre du second livre de Samuel (versets 9 et suiv.) : « Quand Toï, roi de Hamah, sut que David avait défait toute l'armée d'Hadadezer, il lui envoya son fils Joram pour le saluer et le bénir, parce qu'il avait combattu contre Hadadezer, et vaincu, car Hadadezer était

1. Hamah est aussi célèbre comme la capitale d'Abou'l-Féda. Nous trouvons la mention suivante dans l'*Histoire des Sarrazins*, par Ockley :

« Abou'l-Féda : ses titres sont Ismael ben Ali, ben Mahmoud, ben Mahommed, ben Amer, Shahinshah, ben Iyub.... Il est appelé sultan, roi et prince de Hamah, en Syrie, où il régna après son frère Ahmed, surnommé Almalek al-Nasser, qui fut déposé en l'an 743 de l'hégire. Aussitôt qu'Abou'l-Féda fut monté sur le trône, il prit le titre d'Almalek al-Sâlehh, mais il ne régna que trois ans. »

Un des livres dont s'aida Abou'l-Féda pour écrire son histoire universelle fut le *Livre des Juges*, qu'il se fit lire par quelqu'un d'instruit en arabe et en hébreu.

en guerre avec Toï. » (Voyez encore le premier livre des Chroniques, chapitre XVIII, verset 9.)

Il n'est pas douteux que cette Hamah ne soit la même que celle d'aujourd'hui. Nous voyons en effet que le but du roi David, dans sa guerre contre Hadadezer, était de recouvrer ses champs du côté de l'Euphrate. Or, à la latitude de Hamah, le pays fertile va jusqu'à l'Euphrate, tandis qu'entre l'Euphrate et Damas il n'y a qu'un vaste désert.

Hamah est encore citée, dans le livre de Josué, comme l'endroit où les Hébreux entrèrent dans la Terre promise. La même expression est employée dans le livre des Juges. Conquise par Salomon, perdue par Jéroboam Ier, Hamah fut reprise par Jéroboam II. Plus tard elle fit partie d'une confédération qui tint vaillamment tête à la puissance dominatrice des Assyriens sous Salmanazar II. Rien qu'à voir du reste l'étendue de ses cimetières et le grand nombre de tombes qui s'y trouvent, on devinerait la haute antiquité de la ville; il y a là de quoi loger bien des fois la population actuelle, qui s'élève à un peu plus de vingt mille habitants.

Nos muletiers voulaient camper au milieu des tombeaux; nous préférâmes chercher un autre emplacement plus gai et nous traversâmes la ville à cheval, au grand étonnement de la population des bazars, qui ne pouvait s'imaginer d'où nous sortions et où nous allions. Quelques-uns affirmaient que nous étions des Russes venus pour nous emparer d'Hamah, hypothèse dangereuse pour nous, car la localité fourmillait de Circassiens. Heureusement que nous ne tardâmes pas à éclairer sur ce point les gens de l'endroit. Finalement nous nous installâmes au bord de l'Oronte, près d'un pont et du tombeau d'un santon mahométan. En face de nous, sur l'autre rive, non loin d'un moulin, se trouvait une de ces énormes roues hydrauliques si communes sur tout le cours inférieur du fleuve et qui, mues par la force du courant, élèvent l'eau dans des aqueducs supportés par des arches de pierre, qui la conduisent jusqu'au niveau des jardins. Nous traversions le pont pour examiner de près cette roue curieuse, quand de la fenêtre d'un café, au premier étage du moulin, une voix nous cria : « Soyez les bienvenus, messieurs.» Nous vîmes alors un jeune Turc, à la mine fatiguée, en habit de fourrures et en fez, avec une queue de billard dans une main, une cigarette dans l'autre, et qui se penchait en dehors, répétant sa phrase. Nous lui rendîmes son salut, après quoi nous approchâmes de la roue, non sans quelque difficulté, car le bruit et le mouvement effrayaient nos chevaux.

Cette roue était une bizarre combinaison de branches d'arbres brutes servant de rais et de planches formant les jantes ; telle quelle cependant, elle semblait fonctionner à merveille, car l'aqueduc était plein au ras. On l'avait peinte en noir et en gris, et des fougères poussaient sur la maçonnerie qui supportait l'axe. Tout cela, sur le fond des arbres et des maisons, avec les grillages gaiement coloriés et les balcons des harems, constituait un aspect dont l'ensemble était plus conforme que d'ordinaire à l'idée qu'on se fait d'un paysage oriental.

Notre tente fut bientôt dressée, et, une fois nos animaux au piquet, les visiteurs commencèrent d'affluer. Citons parmi eux un chef circassien, animé d'une belle ardeur belliqueuse contre les Russes, un major albanais, chargé de la police, un Tripolitain, ancien condisciple du frère de Gabriel au collège de Beyrouth, mais qui avait préféré le commerce à la médecine, un Levantin français, revêtu du titre de vice-consul, et d'autres encore. A côté de nos tentes se tenait le marché aux légumes, et nous

Rives de l'Oronte à Hamah.

devînmes le point de mire de tous les oisifs, qui en Orient grouillent infailliblement partout où il y a apparence de transactions commerciales.

Il y avait encore tous ceux qui venaient révérer la tombe du santon et ceux qui, dans le vain espoir de trouver en nous des acheteurs faciles, exhibaient les perfections de leurs chevaux et la docilité de leurs mules. Plus tard enfin, à la chute du jour, nous eûmes la visite du personnage qui nous avait salués de la fenêtre du café. Il nous apprit qu'il était ingénieur civil, élevé en France, et qu'il avait été employé par les entrepreneurs du chemin de fer d'Andrinople, ainsi qu'aux travaux d'Angora. Il désirait fort voir mes instruments. J'eus lieu de croire, en les lui montrant, qu'il ne les connaissait pas aussi bien que l'eût comporté ce qu'il disait de lui-même. Cela ne l'empêcha pas un instant de conserver son aplomb. « Ah ! disait-il en bon français, si je pouvais aller avec vous autres, je pourrais vous *fournir des dons inestimables;* mais j'ai fait cette bêtise irréparable pour un jeune homme de me marier, et *dans ce trou-ci !* » Nous le priâmes de ne pas se déranger, mais il nous déclara qu'il nous accompagnerait au moins jusqu'à Alep et qu'il se mettait à notre disposition. Nous ayant entendus parler de notre désir d'acheter des lévriers, il nous dit qu'il était au mieux avec le *moutasarif*, qui en possédait deux, et qu'il lui demanderait de nous les donner. Là-dessus, et avec beaucoup d'autres protestations de son désir de nous être utile, il nous quitta, nous laissant très intrigués de savoir ce qu'il pouvait bien être.

Un peu après son départ, une foule de gens porteurs de lanternes et tirant des coups de fusil traversèrent le pont et prirent la route d'Homs. C'était le conseil et la garnison qui allaient à la rencontre du moutasarif. Ils revinrent bientôt, le ramenant au milieu d'eux, avec un bruit de coups de feu, de trompettes, de vociférations d'hommes, de femmes et d'enfants, qui défie toute description.

Enfin on daigna nous laisser tranquilles, et nous n'en fûmes pas fâchés, car notre journée avait été fatigante ; mais il nous fallut encore du temps pour nous habituer au bruit des roues hydrauliques, qui, dans le silence de la nuit, retentissaient tout près de nos oreilles.

Le lendemain de bon matin, nous allâmes faire un tour au bazar, où, pour la seule fois pendant notre voyage, nous vîmes des Circassiens travaillant pour de bon. Ils étaient en train de remplacer par des voûtes de pierre les toits de bois des étroites rues où s'alignent les boutiques. En certains endroits ils construisaient même des échoppes neuves et plus commodes. On les occupait de la sorte, afin qu'ils se tinssent tranquilles, et pour se couvrir des frais de leur entretien, que la ville devait payer par ordre du gouvernement central.

Nous rencontrâmes derechef notre ingénieur, toujours très prolixe dans ses offres de service; il me donna un morceau de cuir vert pour arranger la courroie de mon fusil et ne nous quitta plus d'une semelle.

Comme dans notre course du matin, nous nous étions enquis du prix de la viande et des légumes, il nous prit l'idée, à notre retour, de vérifier les comptes du cuisinier. Cet examen nous ayant prouvé de la façon la plus claire que le drôle nous volait, nous le mîmes immédiatement à la porte. Après le déjeuner nous nous dirigeâmes vers la demeure du pacha, en compagnie du frère de Gabriel et du vice-consul français, auxquels nous dîmes que notre ami l'ingénieur civil allait venir aussi. Sur quoi ils furent saisis d'un accès d'hilarité. Notre individu n'était point ingénieur, mais bien cuisinier. Il avait été emmené en France tout enfant, et

Hamah. — Vue générale.

là il avait appris la cuisine et la langue du pays. Il avait ensuite dirigé les fourneaux des entrepreneurs dont il s'était dit l'ingénieur. Quant à son intimité avec le pacha, la vérité c'est qu'il était venu à Hamah comme cuisinier du haut personnage; mais, quoique assez habile, il faisait trop danser l'anse du panier, de sorte qu'il avait été renvoyé pour indélicatesse.

Nous fîmes notre visite au pacha dans toutes les formes. Il nous parla avec beaucoup d'intelligence, et fit décidément sur nous une impression favorable. C'était, suivant l'expression française, un homme aux façons sympathiques. Il nous offrit une magnifique escorte, un officier avec vingt hommes, et ce ne fut que sur nos instances réitérées qu'il consentit à nous laisser aller avec deux hommes.

En rentrant à nos tentes, nous y retrouvâmes encore notre ingénieur-cuisinier. Il s'excusa de ne pas nous avoir accompagnés chez le pacha, prétextant avoir reçu de Homs une dépêche qui, à son grand regret, réclamait sa présence pour affaires urgentes. Je ne sais pas ce que lui dit le vice-consul français, mais l'effet de la communication fut de lui clore subitement la bouche et de le faire filer aussitôt.

Le Français nous conduisit ensuite voir quelques chevaux et juments magnifiques, appartenant à différentes personnes de la ville; il nous dit que plusieurs de ces animaux étaient de pure race seglawi, la plus estimée des races arabes. Le prix des juments était énorme : le plus souvent, quatre ou cinq cents livres. Une bête est ordinairement la propriété d'une association de trois ou quatre individus, qui s'en partagent le rapport, ne s'en servant que pour la reproduction, et ne la montant que très rarement, ou même jamais, contrairement à l'habitude des Arabes du désert.

Le pacha vint nous rendre notre visite, accompagné de tout son état-major, orné de ses plus beaux uniformes. Nous fîmes venir le café et les narguilés de l'estaminet du moulin. Le fonctionnaire était très préoccupé de ce qu'allaient faire les Anglais en matière de réformes et des moyens qu'ils avaient l'intention de prendre pour en assurer l'exécution. Nous ne pûmes, naturellement, le renseigner beaucoup ni sur l'un ni sur l'autre point. Comme nombre de ses collègues, le digne homme sera certainement tout sucre et tout miel envers les fonctionnaires que nous enverrons dans le pays en vertu de la convention, ce qui ne l'empêchera pas de nous opposer cette force d'inertie où les Turcs excellent et qui a tant de fois mis à néant les bonnes intentions des puissances.

Après son départ et pendant que nous faisions nos paquets, l'ingénieur-cuisinier reparut. Laissant de côté, cette fois, son rôle scientifique, il venait tout simplement nous demander à remplacer notre maître queux dont il avait appris le renvoi. Nous lui répondîmes qu'il nous était impossible d'admettre qu'un gentleman aussi instruit et aussi cultivé occupât une situation à ce point inférieure dans notre caravane. Il nous implora longtemps et avec instances, mais nous tînmes bon. Il finit par nous dire qu'il était absolument dénué et se retira très heureux d'un cadeau de cinq francs que nous lui fîmes.

CHAPITRE VI

SUR LE CHEMIN D'ALEP. — ARRIVÉE DANS CETTE VILLE

I

Le lendemain matin de bonne heure, nous trouvâmes autour de notre tente une douzaine de zaptiehs, demandant tous à grands cris à venir avec nous. Nous leur dîmes que le pacha avait promis de n'en envoyer que deux, mais chacun d'eux prétendit avoir été commandé. Sur notre refus de les croire, ils se mirent à se quereller entre eux, pour savoir qui viendrait ou ne viendrait pas Pour surcroît de désordre survinrent deux paysans, qui accusèrent les zaptiehs de leur avoir volé leurs chevaux.

Sachant très bien que nous ne pouvions arranger les choses par nous-mêmes, nous mandâmes l'officier qui avait été chargé de nous fournir nos deux hommes d'escorte. Celui-ci avait transmis l'ordre à un *chaouch* ou sergent, qui s'était contenté à son tour de dire à ses subordonnés, d'une manière générale, que deux d'entre eux eussent à nous accompagner. Qu'arriva-t-il alors? C'est que tous les zaptiehs tombèrent sur le malheureux officier, lui reprochant avec force injures de les avoir dérangés pour rien. Comme les plus violents et les plus criards étaient justement les deux gendarmes accusés de vol par les paysans, l'officier allait les désigner pour venir avec nous ; mais nous nous refusâmes à les accepter, alléguant que le pacha ne voudrait certainement pas nous imposer deux individus à ce point suspects. Le pauvre officier battait en retraite, quand le major albanais parut sur la scène. A grand renfort de gourmades, il fit place nette autour de lui et s'enquit de la cause du tapage ; après quoi il envoya chercher deux jeunes zaptiehs, de décente apparence, qu'il mit à notre disposition.

Ce qui rendait tous ces hommes si désireux de voyager avec nous, c'est qu'ils recevraient chacun cinq piastres par jour et seraient nourris, eux et leurs chevaux. Dans le service ordinaire ils ont une ration de pain et de grain et touchent en principe cent piastres par mois; encore cette solde est-elle souvent en retard d'un an, et, quand on la paye, ce n'est qu'en *caïmé* (papier), si bien que les cent piastres nominales n'en valent généralement que vingt ou même six en certains endroits.

Notre chemin vers le nord, presque plat, suivait d'abord la vallée de l'Oronte, qui est ici beaucoup plus large et d'accès plus facile que près de Rusta. Plusieurs grandes roues, pareilles à celles que nous avions vues dans la ville, élèvent l'eau nécessaire à l'arrosement des plantations de coton et de riz sur les larges pentes qui rejoignent le fleuve. Derrière ces plantations s'étendent de vastes terrains, déjà labourés ou en train de l'être, et tout prêts pour les semailles du blé et de l'orge. Avec une irrigation plus intelligente, avec des turbines et des conduites en fonte, la zone propre à la culture du riz et du coton pourrait s'accroître indéfiniment, aussi bien que celle des plants de mûriers pour l'élevage des vers à soie, à peine suffisants aujourd'hui pour les besoins des manufactures locales.

Toutes les dix minutes nous rencontrions ou nous dépassions de petits groupes de voyageurs menant des ânes, ou quelquefois un chameau ou deux, chargés de produits destinés au marché de la ville, ou en rapportant différents articles de consommation. Parfois aussi nous voyions des bandes de Circassiens, avec tout leur matériel, en quête d'un endroit où ils pussent trouver le vivre et le couvert, et ayant l'aspect délabré de purs bandits; ou bien c'étaient des marchands de chevaux allant vendre à Damas ou à Beyrouth des bêtes ramassées dans les environs d'Alep ou dans la Mésopotamie du Nord.

Le premier bourg que nous traversâmes fut Komhan. C'est un curieux endroit, composé de magasins coniques, comme ceux de Tel-el-Beesy, de quelques huttes carrées, de beaucoup de cavernes creusées dans la craie tendre, sur laquelle est bâti le village, et d'une grande maison habitée par le cheik. Nous eûmes, de son toit, un bon point d'observation pour la contrée environnante. Nombre de gens vinrent voir ce que nous faisions; tous demandèrent à jeter un coup d'œil dans ma lunette. Ils prenaient mon double sextant pour un instrument magique, et le cheik, m'ayant prié de lui tirer son horoscope, fut extrêmement désappointé quand il vit que j'en étais incapable. Ce bonhomme avait envie depuis longtemps d'aller à Bagdad; il s'informa s'il pourrait s'y rendre pour rien, une fois que le railway serait établi. Sur la réponse négative qui lui fut faite, il déclara qu'alors il ne voyait point l'avantage de ce chemin de fer, puisque dès maintenant il n'avait qu'à charger des chameaux de provisions et à enfourcher sa jument pour faire le voyage sans qu'il lui en coûtât d'autre dépense.

Il y avait pendant ce temps-là grande affluence autour du forgeron du village, lequel s'était établi dans la cour du cheik et réparait en hâte les charrues. Comme nous nous étonnions que les gens eussent attendu au dernier moment pour faire faire ces raccommodages, il nous fut répondu que, personne n'étant sûr de vivre jusqu'à la saison du labourage, il était inutile de s'y prendre à l'avance. Ce fatalisme singulier, qui gouverne tous les actes des musulmans, explique pourquoi, tout en détenant quelques-unes des plus belles et des plus fertiles contrées du monde, ils n'ont réalisé aucun progrès depuis le jour où ils ont dû cesser leur prosélytisme par le fer et le feu.

Nous campâmes au village suivant, appelé Tyiby; il était tout à fait semblable à Komhan. L'Oronte coule à trois milles à l'ouest. En deçà il n'y a que des citernes creusées dans la craie, où se conserve un liquide stagnant et verdâtre, vers lequel on descend par des marches à pic. Dans les sécheresses ces réservoirs sont souvent épuisés; presque tous les habitants quittent alors leurs demeures et vont camper près de la rivière. Nous envoyâmes un homme à l'Oronte nous chercher de l'eau potable; mais, ne voulant pas fatiguer nos animaux sans nécessité, nous achetâmes pour eux de l'eau de citerne.

Comme nous n'avions plus de cuisinier, je dus remplir l'office de chef. J'accommodai une couple de volailles, quelques pommes de terre et une omelette; le tout, avec un potage, constitua, au dire de Schaefer et de Gabriel, un dîner meilleur qu'aucun de ceux que nous avions faits jusque-là. Nous vîmes dans le village quelques beaux lévriers, plus petits de taille que ceux d'Angleterre, avec de longs poils soyeux, un léger duvet aux jambes et à la queue; mais leur aspect général était gâté par l'usage qu'on a de leur couper une oreille, pour qu'ils entendent mieux, à ce que disent leurs maîtres.

Notre étape du lendemain se fit à travers une contrée jadis fort peuplée, comme le démontre la quantité de tours, de monticules et de cavernes artificielles qu'on y aperçoit. Le pays est d'ailleurs complètement plat, sauf un ou deux lits de torrents qui amènent à l'Oronte les eaux du haut plateau de l'Ouest.

Nous campâmes à un caravansérail appelé Khan-Cheik-Haun et situé au pied d'une éminence faite de main d'homme. Le village moderne est laid et sale, presque enfoui dans la boue et les immondices. Nous vîmes, éparses un peu partout, des pierres et des colonnes antiques, qui servaient aux plus vulgaires usages. Le khan lui-même date probablement du temps des croisés ou des Génois. Il a résisté à l'action des siècles et à celle des hommes; mais la partie moderne qu'on y a ajoutée pour l'adapter à son usage actuel soutient très désavantageusement la comparaison avec le reste. Ce caravansérail consiste en deux vastes rectangles pavés. L'entrée du premier est une porte voûtée; d'un côté de cette porte est la boutique d'un négociant un peu universel; de l'autre, l'atelier d'un maréchal ferrant qui, pendant tout le temps que nous fûmes là, ne cessa de travailler. Plus loin sont de médiocres bains turcs; en face se trouvent un café, un marchand de tabac et l'habitation du gardien. Tout l'espace était rempli de chameaux avec leurs conducteurs, assis en file sur de petits bancs, fumant et prenant gravement le café, non sans jeter par moments un long regard sur ces Francs tout d'un coup apparus au milieu d'eux. L'autre rectangle, auquel on accède par une porte également voûtée, est tout entouré d'écuries; nous y trouvâmes à planter notre tente à l'abri, précaution avantageuse pour nos mules, car il tombait une pluie abondante, qui en mouillant la toile l'eût fort alourdie.

Entre les deux parties du khan, sous le passage voûté, je vis une curieuse pierre de seuil, marquée de croix que j'imagine avoir dû figurer des trèfles. Au-dessus des écuries sont quelques pièces de construction moderne, où logent en temps de pluie chameliers et muletiers. Au dehors, on voit un grand réservoir carré, en pierres de taille, à moitié rempli de boue. C'est ici que j'ai compris pour la première fois comment s'est produit l'*envasement* des villes d'Orient, s'il est permis d'employer cette expression. Comme aucun détritus n'est enlevé, l'accumulation des immondices, d'année en année, fait que, par suite, un édifice disparaît graduellement, tandis qu'un autre est construit tout auprès, sur le niveau nouvellement constitué, pour avoir à son tour, un jour, le sort de son prédécesseur. C'est ainsi que le village avait fini par escalader à demi un monticule artificiel très ardu et de plus de cent pieds de hauteur.

Notre halte suivante fut Mara. La plaine se termine à Khan-Shaykh-Haun; mais la pente des montagnes est si douce et si aisée, qu'il n'y aurait là pour un chemin de fer aucune difficulté.

Le nombre des ruines est surprenant. Pour porter les fils télégraphiques, on a mis en monceaux, le long de la route, des fragments d'anciens édifices, dont les fondations permettent de restaurer le dessin. Les coussinets massifs dans lesquels tournaient les portes en pierre donnent une idée de la grandeur de ces constructions. En arrivant au sommet de la hauteur, entre Khan-Cheik-Haun et Mara, nous aperçûmes sur notre gauche quelques bâtiments qui semblaient mieux conservés. Nous nous dirigeâmes vers eux, attirés surtout par des effets d'ombre et de lumière, qui produisaient sur les murailles l'illusion de bas-reliefs et de peintures à fresque. Tout cela disparut à mesure que nous approchions; néanmoins Khanek (c'est le nom de l'endroit) mérite bien une visite.

Les ruines sont probablement de l'époque de la déca-

Porte en pierre, près de Mara.

dence, moins grandes et moins massives que celles des périodes antérieures. Les colonnes sont minces et gracieuses. En certains endroits, où les pierres ont été abritées contre les injures du temps, la sculpture délicate des frises est encore intacte, et la trace du ciseau de l'ouvrier aussi fraîche qu'au premier jour.

A notre arrivée à Mara, nous trouvâmes la ville la plus sale que nous eussions encore vue, quoiqu'elle soit riche et prospère, entourée de champs et de vignobles.

A quelques centaines de mètres à l'ouest s'élèvent les restes d'un château génois en bon état. Nous cherchâmes longtemps un endroit où camper; le khan ne pouvait nous convenir, on y enfonçait jusqu'aux genoux dans les excréments de chameaux et de mules, convertis par la pluie en une espèce de marais. Il y avait bien une autre partie plus propre, mais elle était bondée de Circassiens, et, comme nous avions quelque souci de nos bagages, nous crûmes que ce n'était pas un voisinage à souhaiter. Ce khan a dû être bâti par les Sarrasins et faire partie d'une forteresse. Les grandes portes bardées de fer existent encore, et chaque soir on les ferme, probablement par précaution contre les Bédouins, qu'on dit nombreux et hardis. Il nous fut conté que peu de temps auparavant, en plein jour, quelques-uns d'entre eux avaient envahi le khan et emmené des mules toutes chargées, sans que les propriétaires ni les zaptiehs eussent osé s'y opposer. Les réparations, de date comparativement récente, sont attribuées à Ibrahim-Pacha.

Nous trouvâmes enfin un emplacement convenable, près d'un puits, en dehors de la ville. Quelques habitants essayèrent de nous persuader que c'était un endroit dangereux, et un vieux bonhomme, poussé par l'appât du gain, nous offrit, moyennant finance, de camper dans son jardin, enclos d'un mur délabré. Nous le remerciâmes de sa sollicitude, pensant que deux soldats de supplément, qu'on alla chercher pour faire sentinelle pendant la nuit, seraient plus efficaces que son mur. Près de nous étaient quelques Arabes de basse classe, qui, trop pauvres pour posséder des chevaux ou des chameaux, végètent autour de la ville en cherchant leur vie. Nous leur achetâmes deux lévriers au prix modique de quarante-cinq piastres; nos vendeurs n'étaient point tout à fait aussi simples qu'ils en avaient l'air. Toute la nuit fut employée par eux à appeler à tue-tête *Nimshi* et *Schelher* (c'étaient les noms des deux chiens) : ce qui fit faire à ceux-ci de violents efforts pour s'échapper. Ils y réussirent même une fois ; mais notre zaptieh était sur leurs talons, et les Arabes n'eurent pas le temps de les cacher.

Le matin, nous dépêchâmes nos mules en avant, et nous nous rendîmes au sérail pour voir le kaïmakan et le remercier de la garde qu'il nous avait donnée. Ce sérail n'était guère plus propre que le reste de la ville. Les salles de réception étaient garnies de divans maigrement recouverts de coussins aux toiles déchirées. Néanmoins on nous offrit des cigarettes et du café excellents. Le kaïmakan et son entourage nous répétèrent que la ville était prospère, qu'elle exportait annuellement 100 000 shimuls de blé (soit plus de 5000 tonnes) et, outre cela, de grandes quantités de raisin, que les vignobles d'alentour produisent en quantité considérable. Le commerce de Mara se fait partie par Latakieh, partie par Tripoli.

II

L'officier commandant la troupe, et la garnison disponible, six hommes en tout, nous firent la conduite un bout de chemin ; après quoi, nous débarrassant de cette escorte peu majestueuse, nous nous engageâmes, quelques milles durant, à travers des ruines, dont quelques-unes paraissent relativement modernes. En fait d'habitations, il n'y avait que des huttes de boue, où les cultivateurs logent pêle-mêle dans la misère et la saleté.

Peu à peu le pays devint plus accidenté et plus agréable. Des villages et de petites villes entourés de vergers et de jardins se mêlaient aux vestiges de l'antiquité. Dans un de ces villages, Schaefer et moi, nous mîmes pied à terre pour aller voir à la maison du cheik si nous ne trouverions pas quelque chose à manger. L'endroit où nous devions camper était encore loin, et en chassant nous nous étions laissé devancer par les mules et le bagage. Une rangée de ruches que nous aperçûmes nous faisait espérer au moins un peu de miel. En effet, outre le miel, nous eûmes une soupe aux lentilles, du pain, du café, et de l'orge pour les chevaux. Ainsi repus, nous mîmes nos chevaux au galop, et au coucher du soleil nous arrivions à Sarmeen. Nos mules étaient déchargées, nos tentes dressées, et nous ne fûmes pas fâchés de nous y réfugier, car l'air de la nuit était froid et piquant. Peu après, nous entendîmes les trompettes d'un régiment d'infanterie turque allant d'Alep à Damas. Le lendemain matin, la diane de cette même troupe nous réveilla à cinq heures ; à six, l'avant-garde, composée des malades et des bagages, chargés sur des mules, passa près de nos tentes. C'était une triste matinée pour les pauvres gens ; il faisait un épais brouillard, humide et froid. Puis parut le gros du régiment, fort d'environ mille hommes, avec six officiers seulement. On voyait là tous les échantillons de soldats, depuis les vétérans bronzés par les souffrances de la guerre, vêtus d'uniformes salis et déchirés, bien souvent même sans souliers, jusqu'aux conscrits tout récemment enlevés à leur villages et portant encore leurs costumes ordinaires Tous marchaient avec entrain et à un pas que plus d'u régiment anglais se fût essoufflé à suivre. Les officier n'offraient pas un ensemble moins bigarré que leur hommes. Un ou deux des plus favorisés portaient d grandes bottes russes, conquises par eux à la guerre ; le autres étaient aussi mal chaussés que les simples soldats Il y avait parmi eux autant de variétés d'habits et d coiffures que possible, et trois seulement sur les si avaient des sabres.

Deux heures après, passèrent trois officiers montés enveloppés de fourrures, avec leur bagage particulier dos de mule. Ils avaient retardé leur départ jusqu'à c que le premier froid du matin fût passé et qu'ils eussen confortablement déjeuné. Cet égoïsme des officiers supérieurs turcs a été cause de maint désastre dans le guerres turco-russes, en leur faisant absolument négliger le bien-être de leurs hommes et ne se préoccuper d rien en dehors de leurs propres commodités.

Le brouillard fut si épais pendant toute la journée, qu nous dûmes renoncer à nous mettre en route; parfoi même, paraît-il, ces brumes durent deux ou trois jour de suite.

Le lendemain, malgré les prophéties des habitants, le temps était clair et brillant, et nous pûmes reprendre le voyage.

A quatre milles de Sarmeen, nous traversâmes la grande et riche cité d'Idlib, entourée de bois et de champs d'oliviers. Elle possède une population de plus de vingt mille habitants et fait un commerce considérable avec Latakieh et Alexandrette. Plus loin, on se faufile entre les montagnes par une coupure que n'indique aucune carte, et l'on arrive à une autre plaine, où nous installâmes notre campement de nuit dans un village arabe nommé Zurby.

La seule eau qu'on y trouve est celle d'un puits très profond. Les femmes s'attellent à une longue corde, marchent en la tirant et montent ainsi le seau qui contient le liquide. Le cheik prétendait nous faire payer ce breuvage; mais les femmes, se regardant ici comme attaquées sur leur domaine, l'envoyèrent promener et s'engagèrent à nous fournir toute l'eau que nous voudrions, moyennant un peu de sucre et de café. Quoique défigurées par la hideuse coutume arabe de se peindre en bleu la lèvre inférieure, elles n'étaient point trop laides. Riant et bavardant, elles s'assemblaient dans notre tente, très curieuses de toutes nos affaires, mais polies et convenables, quoique fort étonnées de tout ce qu'elles voyaient.

Le lendemain matin, nous dépêchâmes un de nos zaptiehs vers Alep pour y annoncer notre approche au consul. Avant notre départ, il y eut une scène de « lamentations », c'est-à-dire que nos belles visiteuses de la veille se rendirent au cimetière pour y pleurer de compagnie sur la tombe du père du cheik, récemment décédé; puis, ce devoir accompli, elles nous revinrent aussi réjouies et gaillardes que si jamais la pensée de la mort n'avait effleuré leur esprit.

La campagne d'Alep était, paraît-il, fort infestée par les Bédouins; ceux-ci prélevaient autrefois un tribut sur les villages et, en retour, les défendaient contre les extorsions financières des Turcs. Il y a dix ans, ces derniers avaient organisé un corps de carabiniers montés sur des mules, qui avaient tenu les Bédouins à distance; depuis ce moment les taxes avaient été régulièrement levées; mais, lors de la dernière guerre, le gouvernement, obligé de faire flèche de tout bois, avait envoyé contre les Russes les hommes qui formaient ce corps de surveillance, de sorte que les Bédouins, profitant de l'occasion, s'étaient empressés de recouvrer l'arriéré auprès des malheureux paysans.

En sortant de Zurby, nous franchîmes une petite rivière, connue sous différents noms. En cet endroit elle s'appelle l'Alep, parce qu'elle sort de la ville du même nom.

Nous y tuâmes au passage quelques canards et deux tortues, que nos gens ramassèrent pour s'en régaler.

La véritable direction d'un chemin de fer venant du sud sur Alep serait de suivre le haut de cette vallée; à Khan-Touman [1], la route actuelle gravit des montagnes rocheuses, et en hiver, quand il y a de la neige, elle est souvent impraticable. Dans la même saison la route inférieure est si boueuse, qu'elle est dangereuse pour les chameaux, de sorte que le trafic est souvent interrompu pendant des semaines entre Alep et le Sud.

Sur ces hauteurs, nous vîmes des compagnies d'outardes, que nous poursuivîmes longtemps sans les pouvoir approcher; puis bientôt la ville d'Alep se dessina devant nous, avec ses dômes, ses minarets, son entourage de vergers et de jardins, commandée d'un côté par la

1. Khan-Touman est ainsi appelé d'après Touman-Bey, qui fut le dernier sultan des mamelouks. Il fut élu après la mort du sultan Ghawri, juste au moment où Sélim Ier venait d'infliger une terrible défaite aux mamelouks. Avec un courage désespéré et chevaleresque, il lutta longtemps contre les forces supérieures des Turcs. La fortune se déclara contre lui. Ayant perdu ses plus braves partisans et étant abandonné des autres, il finit par être traîtreusement livré à Selim. Pendant quelque temps, celui-ci le traita avec égards, mais les anciens sujets de Touman, Ghazali et Khaïr-Bey, qui l'avaient trahi, ne pouvant supporter d'avoir sans cesse sous les yeux ce vivant témoignage de leur crime, persuadèrent à Sélim de le faire mourir, en dénonçant un prétendu complot pour le délivrer et lui rendre sa puissance. Ainsi périt le brave, le chevaleresque et le juste Touman-Bey, dernier des sultans mamelouks, le 17 avril 1517.

citadelle et de l'autre par les magnifiques casernes qu'a construites Ibrahim-Pacha, et qui peuvent contenir dix mille hommes.

En descendant vers la ville, nous rencontrâmes M. Thabet, premier drogman, envoyé au-devant de nous par le consul anglais, M. Henderson, qui ne pouvait venir lui-même, à cause de l'arrivée d'Izzet-Pacha, le nouveau commandant des troupes destinées à opérer contre les insurgés kurdes.

Dans le principe, nous ne comptions nous arrêter à Alep que pour y louer de nouvelles mules avec leurs conducteurs, nos amis de Zahlich n'étant pas engagés pour aller plus loin. Mais Schaefer tomba tout d'un coup sérieusement malade et fut bientôt cloué sur son lit, par une violente attaque de gastrite. J'eus de mon côté une ophtalmie qui dura quelques jours. Heureusement je fus vite guéri par un habile médecin allemand, du nom de Bischoff, attaché au consulat d'Angleterre, et qui put aussi nous répondre au bout de quelques jours que Schaefer n'était point en danger, quoique son rétablissement dût être assez long. J'eus donc le loisir de voir la ville, la citadelle et les autres choses intéressantes qu'elle renferme.

Alep est une très vieille cité, mais son nom est comparativement moderne. L'ancienne dénomination était Beræa. Celle de Chalybo (ou Halybo), dont le nom actuel est très probablement dérivé, s'appliquait à la ville de Kinasrm, sise à dix milles plus au sud. Les mahométans disent que le nom d'Haleb ou Halep ne date que du temps de Mahomet, qui visita cet endroit quand il était chamelier. Il vient d'une superbe jument blanche que montait le prophète, ou d'une vache dont le lait s'écoula pendant tout le temps qu'on mit à lui faire faire le tour de la ville.

Toujours est-il que la ville a été longtemps un entrepô commercial célèbre. Les traditions et les souvenirs d son opulence et de sa prospérité antiques sont encor visibles aujourd'hui, quoique l'ouverture du canal d Suez lui ait porté un coup terrible. En 363 après J.-C. Julien l'Apostat, passant par Beræa, fut très méconten du froid accueil que lui fit le sénat de la cité, presqu entièrement composé de chrétiens.

Depuis ce temps Alep a passé par bien des vicissitudes A l'époque de la conquête de la Syrie par les Sarrasins la citadelle était réputée imprenable. Elle était alors défendue par Youkenna, qu'on tenait pour un des plu braves et des plus habiles généraux de l'empereur chrétien Héraclius, et qui avait tué son propre frère, l moine Jean, parce que, d'accord avec la population, i avait voulu capituler. Pendant longtemps il résista ave succès aux assiégeants. A la suite d'une de ses vigoureuses sorties, les Arabes se disposaient même à lever l siège de la ville, quand un ancien esclave, nomm Damas, fameux par ses exploits en Asie, obtint de Khaled le commandant en second, l'autorisation de tenter encor une surprise. Les Arabes feignirent donc une retraite laissant Damas en embuscade avec trente de ses compagnons. Le soir, celui-ci sortit de sa cachette et fit prisonniers successivement six soldats d'Alep. Il fit tuer le cinq premiers, assez stupides pour ne pas savoir parle l'arabe; mais il réussit à obtenir du sixième quelque renseignements. A la nuit, il s'approcha de la citadelle couvert d'une peau de chèvre, et, imitant les aboiement d'un chien pour ne point exciter les soupçons, il réussi à découvrir l'endroit faible de la forteresse.

Il revint alors vers ses compagnons et les amena à l'endroit choisi par lui. Là il s'assit par terre, un homm se plaça sur ses épaules, un second sur les épaules d celui-ci, et ainsi de suite. Le dernier, une fois placé, se redressa ; l'avant-dernier en fit autant, et quand tous se furent mis debout, Damas, qui était d'une stature gigantesque, se leva à son tour. Le soldat qui formait le sommet de cette colonne humaine put saisir le parapet et se hisser ; ensuite avec son turban il hissa ses camarades, si bien que les trente hommes accomplirent l'escalade.

La garnison, que la retraite simulée des Arabes avait induite en une fausse sécurité, était en train de boire et de festoyer ; la garde était montée avec négligence, et les quelques sentinelles qui étaient à leur poste furent tuées sans avoir eu le temps de donner l'alarme. Pendant ce temps Damas et sa bande se faufilaient vers les portes, s'arrêtant un peu en chemin pour regarder, à travers une fenêtre que voilait une tapisserie, Youkenna et ses officiers habillés de vêtements magnifiques et se livrant à la joie et à la débauche. Néanmoins, ne voulant pas donner l'alarme avant de s'être assuré de toutes les issues, il sut négliger une proie si tentante et arriva à l'entrée de la ville, où il surprit les gardes, ouvrit les portes, baissa le pont-levis et fit entrer Khaled avec une troupe de cavaliers d'élite, qui, conformément aux arrangements convenus, venait d'arriver devant la citadelle. Ces cavaliers se dirigèrent au galop vers le centre de la forteresse, qui fut prise presque avant que ceux qui la défendaient se fussent aperçus qu'elle était attaquée. Ajoutons que Youkenna fut un des premiers à se convertir au mahométisme, et son exemple fut rapidement suivi par la plus grande partie de la garnison.

Alep fut reprise par les chrétiens, sous Jean Zimiscès, en 970 après J.-C.; Seïf-ed-Dowlat, de la dynastie d'Hamadan, s'était retiré honteusement sans faire un effort pour sauver sa capitale ou son royaume. Quoique abandonnée par son chef naturel, la garnison ne laissa pa néanmoins de résister bravement pendant quelque temps mais elle ne put empêcher les chrétiens de mettre à sa le palais du roi fugitif, situé en dehors des remparts. Le envahisseurs y firent un butin de trois cents caisses d'o et de plus d'un millier de mules. Cette riche proie le excita à poursuivre le siège et ils réussirent enfin à prendr la ville d'assaut, un jour où les soldats, engagés dan une lutte fatale et fratricide avec la population, avaien laissé les remparts dégarnis. Un grand nombre d'habitants périrent et dix mille d'entre eux furent emmenés er captivité. Cependant ce retour de fortune ne fut que passager pour les chrétiens. Ils durent bientôt abandonne leurs conquêtes aux Arabes. Depuis ce temps le croissant a régné en maître sur Alep.

Timour-Leng (Timour à la jambe de fer), ou Tamerlan fondateur de l'empire mogol, prit Alep en 1400 aprè J.-C. Comptant sur le nombre et la discipline de leur soldats, les émirs syriens tentèrent de résister en ras campagne à l'immense armée du grand conquérant; mais grâce à la poltronnerie de quelques-uns d'entre eux, à l trahison de quelques autres, ils furent facilement mis er déroute. Les mêmes raisons amenèrent la chute de l citadelle.

On dit que, préoccupé du désir de paraître auss savant que brave, Timour voulut soutenir avec les docteurs d'Alep une discussion sur les prétentions rivale d'Ali et de Moawiyah. Entre interlocuteurs aussi différemment placés que le prince conquérant et ses captifs, le résultat de la controverse ne pouvait rester bien longtemps douteux.

Ayant perdu beaucoup de monde à la prise d'Aler et à celle de Damas, Timour ne put conserver ces deux places; aussi, en se retirant vers l'Orient, acheva-t-il la destruction de la première de ces villes en la livrant aux flammes.

Ibrahim-Pacha a bien compris l'importance d'Alep. Sur l'emplacement où campèrent, dit-on, les soldats de Zimiscès lorsque celui-ci assiégea la ville, il a construit des casernes et un très bel hôpital militaire : ces édifices restent comme des témoins de sa puissance, mais les unes sont beaucoup trop grandes pour la petite garnison qu'elles renferment ; quant à l'autre, il est occupé par des Circassiens chassés de la Bulgarie.

La dernière fois que le feu et le fer ont régné dans Alep, c'est après le départ des Égyptiens. Les Arabes du désert firent alors alliance avec quelques-uns des plus fanatiques habitants. Beaucoup de juifs et de chrétiens perdirent la vie, et pendant les dix jours que dura la révolte nul de ceux qui voyaient le lever du soleil n'était sûr d'en voir le coucher !

Un fait notable de l'histoire d'Alep, c'est que ce fut dans cette ville que le docteur Pocock, le père des orientalistes modernes, acquit sa merveilleuse connaissance de l'arabe.

CHAPITRE VII

EXCURSION A JÉRABLUS — SÉJOUR A ALEP.

I

Une de mes premières visites à Alep fut pour la citadelle. L'extérieur a encore un certain air. Le pont et la porte, attribués à des architectes génois, sont fort beaux, malgré les effets des tremblements de terre qui ont lézardé la façade. Les détours et la raideur des passages intérieurs, les portes bardées de fer, les herses à chaque tournant, les meurtrières et les embrasures qui commandent chaque point, tout cela, joint à l'obscurité, donne l'apparence d'un mythe fabuleux plutôt que d'un fait historique à l'exploit de Khaled entrant au galop, à la tête de ses sauvages cavaliers du désert, et d'autant plus qu'il a dû être tout à fait impossible à Damas et à ses trente compagnons de surprendre tous les gardes, ou même, dans ce cas, d'occuper tous les endroits importants.

L'intérieur de l'édifice n'est que dévastation ; sauf un magasin à poudre qui offre quelques traces de réparations récentes, tout le reste tombe en ruines. Quelques vieilles pièces de campagne, aux affûts pourris, se dressent sur les murs. Des pièces d'ordonnance plus anciennes, composées de barres et de cercles, et où figurent les armes de l'Autriche, gisent au milieu des débris comme pour rappeler les jours où la Turquie était ici-bas une puissance avec laquelle on comptait.

La garnison que je vis là était à l'avenant. Tous les hommes étaient vêtus d'uniformes en lambeaux, et les quelques sentinelles de garde portaient de vieux mousquets du temps de la reine Anne. Au contraire, les troupes casernées dans les bâtiments neufs d'Ibrahim-Pacha étaient convenablement habillées et armées de la carabine Peabody.

Du haut de la grande tour, que le voyageur aperçoit tout d'abord de loin, de quelque côté qu'il s'approche d'Alep, on jouit d'une vue superbe sur toute la contrée, et l'on peut se faire une idée du système des hauteurs environnantes.

En attendant la guérison de Schaefer, je résolus de me rendre à Jérablus, sur l'Euphrate, afin d'y commencer des fouilles pour le British Museum. M. Smith, à son passage, avait reconnu que cette localité occupait le site de l'ancienne Karkémish. Mes préparatifs ne furent pas longs. Prenant avec moi deux chevaux, un palefrenier, un domestique et en outre un certain Raschid, natif de Bagdad, qui était justement chargé de diriger les ouvriers employés aux fouilles, je gagnai le premier jour la petite ville de Bab, située à environ dix-huit milles d'Alep. J'avais des lettres pour le cadi et le kaïmakan, mais tous deux étaient absents, et je fus quelque temps à trouver un gîte pour moi et mes bêtes. Au sérail, le yuzbashi chargé de la police apparut enfin et envoya chercher le chef du medjliss. On me conduisit alors dans une petite pièce entourée d'un divan, où l'on me pria de me considérer comme chez moi ; par le fait, cette pièce était une sorte d'estaminet et ne désemplit pas de toute la soirée de fumeurs et de buveurs de café. J'essayai d'entrer en conversation avec ces gens, mais j'ai bien peur qu'il n'en ait été pour eux de mes questions et de mes réponses comme de beaucoup des leurs que je ne compris guère.

A ce sérail il y avait un lieu de détention, qui est bien certainement la plus étrange prison que j'aie jamais vue. Qu'on se figure une des arcades inférieures de l'édifice, fermée à un bout par un mur, et garnie par-devant d'une grille de bois massive : là étaient réunis des prisonniers de tout âge et de toute religion, quelques-uns enchaînés, d'autres libres, ceux-ci éveillés, ceux-là dormant, riant ou pleurant.

Ceux qui avaient de l'argent ou des amis généreux étaient bien pourvus de tabac et de vivres, les autres étaient tout à fait affamés. Les mieux lotis causaient sans façon avec leurs connaissances ou avec les sentinelles placées en face de la cage, mousquet chargé, prêtes à faire feu à la moindre apparence de désordre.

Les crimes de ces prisonniers étaient aussi variés que leurs personnes. On me parla de meurtre, de vol, d'insolvabilité, de non-payement d'impôts, de désertion, et de bien d'autres délits : impossible de concevoir une plus scandaleuse exhibition. Mes yeux et mes oreilles commençaient cependant à bien s'habituer aux étrangetés qu'offre le régime turc. L'entassement de ces individus dans cet antre n'est point le fait d'une cruauté intentionnelle ; il faut les renfermer quelque part, et l'on n'a point d'autre endroit pour les mettre. La manière dont on les traite n'est qu'un nouvel exemple de cette apathie qui fait qu'on laisse un animal blessé mourir sur le bord de la route, au lieu de terminer d'un coup ses souffrances.

Sous l'arcade voisine étaient deux chevaux, appartenant au yuzbashi des zaptiehs et beaucoup mieux soignés que leurs voisins de l'espèce humaine. L'un d'eux, un beau bai brun avec des marques noires, me séduisit tellement, que j'obtins du palefrenier qu'il le fît sortir pour me le montrer. Il me parut plein de feu et d'agilité. Néanmoins, ne pensant pas pouvoir l'acheter, je me contentai de l'examiner, et je retournai à mon club ; là je soupai et me couchai ensuite sur les coussins du divan. Le lendemain, j'étais debout de bonne heure. Malgré cela, à peine avais-je eu le temps de bouger que la chambre se remplit de gens, venant déguster leur café et leur pipe du matin. Parmi eux était le yuzbashi, qui me proposa de me vendre son cheval moyennant soixante livres, prix que je n'étais point disposé à donner. Enfin, après force marchandages, et juste au moment où j'allais partir, il consentit à me le laisser pour quatorze livres, plus le cheval que j'avais amené de Tripoli.

Nous commençâmes par traverser, au sortir de Bab, des vignobles et des jardins coupés de petits ruisseaux qui se creusent parfois des passages souterrains dans la pierre tendre ; au bout d'une heure, nous passions par un autre village, qui n'a d'autre eau que celle de ses puits, pour déboucher ensuite dans une plaine ouverte, où je fis essayer par Daher la vélocité de mon nouveau cheval ; le résultat fut satisfaisant.

J'expérimentai moi-même la bête le lendemain en donnant la chasse à un troupeau de gazelles, et je fus si enchanté de sa prodigieuse vitesse, que je l'honorai aussitôt du nom de *Sultan*. L'après-midi, nous franchissions, par des passes assez tortueuses, les hauteurs qui bordent la plaine de l'Euphrate, et au crépuscule nous entrions dans le village de Jérablus, situé tout près du fleuve, à deux milles au sud des ruines que je voulais explorer. Le cheik, un nommé Hosayn, pour lequel j'avais des lettres, me fournit une cabane, et immédiatement je dis à Raschid d'embaucher des hommes, et, après un bon dîner offert par le cheik, je me fourrai avec délices dans mon sac de nuit (ce fut là ma couche tout le temps de ma tournée) pour y rêver d'innombrables gazelles et de galops merveilleux.

II

Karkémish, dont j'avais à fouiller l'emplacement le plus probable et le plus récemment accepté comme tel, est à peine connue, même de nom, par les modernes, et n'apparaît que dans les pages de l'Écriture sainte. Avant la visite qu'y a faite M. Smith, on l'avait d'abord crue située à Circésium, au confluent du Khabour et de l'Euphrate. Quelques savants la mettaient même à Hiérapolis ou à Mombedj (Mabog), à environ vingt milles au sud de l'endroit où j'étais, et à six ou sept milles du fleuve.

Cependant, d'après tout ce que nous savons de son histoire et ce qu'en dit la Bible, Karkémish devait être juste au bord du cours d'eau, et, comme c'est précisément le cas des ruines avoisinant Jérablus, il est infiniment probable, à part même l'opinion de M. Smith, qu'elles représentent le vrai site de l'antique cité. Celle-ci est mentionnée pour la première fois au temps de Teglath-phalazar, comme servant de frontière et de principale place forte aux Hittites. Plus tard, nous la voyons prise par Assur-izir-pal, lors de sa neuvième campagne; plus tard encore, en 608 avant notre ère, le grand monarque égyptien Néco, après avoir défait Josias, roi de Juda, près de Megiddo, attaque la ville, regardée alors comme la clef de l'Euphrate, s'en empare et la conserve trois années, jusqu'au jour où, Nabopolassar ayant confié le commandement d'une armée à Nabuchodonosor, son fils, celui-ci reconquiert la cité maîtresse[1].

M. Smith, allant d'Alep à Bir-ed-Djik, entendit parler de quelques pierres sculptées et vint pour les voir. Une d'elles était couverte d'inscriptions en caractères plus anciens que les cunéiformes et dont l'interprétation n'avait pas encore été découverte. Quant à la situation de Karkémish sur la rive droite de l'Euphrate, elle était évidente, puisque Assur-izir-pal et Nabuchodonosor avaient dû l'un et l'autre traverser le fleuve pour l'attaquer. Un bas-relief qui représente la prise de la ville par le dernier de ces monarques, prouve en outre qu'elle était tout près du rivage.

Le matin, je trouvai Raschid entouré d'une affluence de gens venus des villages voisins, qui tous demandaient qu'on les embauchât. Nous en choisîmes un certain nombre, à raison de cinq piastres par jour pour les terrassiers et de trois piastres pour ceux qui transporteraient la terre dans des paniers. Nous avions apporté avec nous des outils ; je dis à Raschid de les déballer et je partis à pied pour les ruines, afin de déterminer le point sur lequel il y avait lieu de commencer les fouilles. Chemin faisant, je tuai un canard, quelques bécasses et des pigeons.

Les ruines forment un ovale irrégulier, d'un peu plus d'un mille de longueur, et d'un quart de mille de largeur. Le grand axe en est orienté du sud au nord. A l'est, au sud et à l'ouest, elles sont encaissées par un monticule artificiel, formé d'une accumulation de débris divers, et qui va en s'élevant du côté du fleuve. Au nord est une sorte de tranchée, où coule un ruisseau assez rapide, qui fait mouvoir un moulin appartenant au cheik Hosayn.

1. Voyez dans la Bible le second livre des *Chroniques*, chapitre XXXV, versets 20 et suiv., et *Jérémie*, chapitre XLVI, verset 2.

L'intérieur de cette enceinte est jonché des débris de la cité romaine. Au sud particulièrement on peut distinguer encore les rues et la place des maisons. Je vis par terre, dans le coin nord-est, la pierre qui avait attiré l'attention de M. Smith. Les inscriptions sont très distinctes, quoique des morceaux du bloc aient été brisés; elles consistent en lignes où les caractères graphiques, tantôt reproduisant des objets naturels, tantôt constituant des signes évidemment de pure convention, procèdent sans doute d'une sorte d'alphabet figuré, qui se dégage peu à peu du mode primitif, celui de rappeler les évènements à l'aide de grossières représentations, et emploie la valeur phonétique des choses représentées pour former le son des verbes, des adjectifs, etc. Il y a là une grande analogie avec l'alphabet mexicain, dont peut-être le plus familier exemple est le *Pater noster* figuré composé par les jésuites peu après la conquête, et dont une poire épineuse est le premier symbole. Parmi ces signes on voit beaucoup de jambes et de bras humains, des têtes de chevaux, des oiseaux, des ronds, des carrés et d'autres figures plus compliquées.

Je finissais cet examen quand Raschid et ses hommes arrivèrent. Je les occupai à une tranchée au milieu du grand monticule contigu à la rivière, pendant que je reconnaissais le terrain avec plus d'attention, pour tâcher de découvrir un endroit meilleur. Au centre, du côté sud, est une porte romaine; un peu en dehors se voient les ruines d'une seconde porte, où, sur un gros bloc gisant à terre, on discerne encore les trous qui servaient à fixer les gonds. Au coin sud sont les restes d'une autre entrée, flanquée de grandes pierres tabulaires, où des dessins encore visibles représentent des quadrupèdes ailés.

Pendant que j'étais occupé à ces recherches, Raschid vint me dire qu'il avait trouvé quelque chose en haut du monticule, du côté de la rivière. Je le suivis, et, apercevant en effet les traces d'un édifice, je mis quelques hommes à les déblayer. Bientôt se montrèrent des reliefs de thermes romains, pavés en mosaïques grossières, avec des fours encore chargés de bois carbonisé. Malgré l'intérêt de cette découverte, comme ce n'étaient pas des ruines romaines que nous cherchions, je renvoyai vite les travailleurs à la tranchée déjà entreprise.

Sur l'entrefaite, Daher survint à son tour, pour m'informer qu'il avait trouvé quelques pierres couvertes de peintures. C'était d'abord une petite dalle carrée en basalte noir, portant une antilope grossièrement sculptée, mais pleine de vie et de ressemblance ; plus loin, deux autres grandes dalles ornées de bas-reliefs pointaient à peine au-dessus du sol. Une d'elles était aussi en basalte noir. Jusqu'à une époque très récente, elle avait dû se maintenir intacte et représenter une procession de figures semblables à celles de Ninive; mais le haut en avait été brisé, de sorte qu'il ne restait que la partie inférieure des corps et les jambes. J'appris que c'était ce vieux vandale d'Hosayn qui, ayant besoin de meules, avait ainsi mutilé ce vénérable bloc.

L'autre dalle était de granit, à peu près des mêmes dimensions, et se trouvait placée à environ six pieds, à angle droit de la première. Je résolus de faire en cet endroit, le lendemain matin, une tentative de fouille, et, en attendant, je pressai mes hommes à la tranchée, où tout ce que nous avions trouvé jusque-là se bornait à un morceau de brique cunéiforme et à de petits morceaux de pierres gravées. Mais à la tombée de la nuit nous atteignîmes le centre du monticule, composé de gros blocs d'un calcaire brut qui ont probablement fait partie des anciennes fortifications.

Après le souper j'eus avec Hosayn une longue conversation. Il me dit que le sanglier était commun dans les îles qui divisent en bras nombreux le courant du fleuve : souvent même, la nuit, ces animaux se hasardent jusque sur les rives et causent de grands dommages aux moissons. On parla ensuite des ruines. Le cheik s'informa de ce que nous cherchions, disant que, si c'était de l'or, comme le pays lui appartenait, les trésors devaient aussi lui revenir. Je lui répondis que tout l'or caché avait été enlevé depuis longtemps et que nous cherchions seulement des traces de la ville qui trois mille ans auparavant s'élevait sur ces lieux et qui alors était déjà ancienne. Cette réponse lui rappela *Suliman ibn Dawoud* (Salomon) : il me demanda si ce roi n'était point venu dans le pays et si ce n'était pas lui qui avait bâti la ville. « Il est possible, lui répliquai-je, que Salomon soit en effet venu par ici ; mais la ville lui est bien antérieure ; elle existait déjà du temps d'Abraham. » Cela parut le satisfaire ; comme il avait entendu parler du passage d'Abraham à Orfa, il trouvait naturel que le patriarche eût visité la cité voisine, dès lors existante. Son orgueil en fut même très flatté, et par la suite je découvris qu'il avait raconté à tout le monde comme un fait hors de doute la visite du susdit patriarche.

Les trois ou quatre jours suivants, je partageai mon temps entre le travail des fouilles et la chasse au sanglier, chasse d'autant plus pleine de péripéties, que la contrée à travers laquelle *Sultan* et moi nous poursuivions le sauvage gibier n'était que marécages et rochers impraticables pour les chevaux. Noël cependant approchait, et, comme j'avais promis à Schaefer d'être pour ce jour-là à Alep, force m'était de repartir, en laissant Raschid continuer les fouilles.

Au moment des adieux (23 décembre), le cheik nous supplia d'aller à Mombedj (Hiérapolis), où les Circassiens nouvellement établis dans le pays commettaient, disait-on, force méfaits, volant le bétail des Arabes et empêchant ceux-ci de cultiver leurs champs. Je promis de m'y rendre ou d'y faire envoyer quelqu'un par le consul anglais, afin d'examiner ce qu'il y avait à faire. Dans les deux ou trois villages que j'eus à traverser le premier jour, les mêmes doléances me furent faites à propos desdits Circassiens; partout on me demandait pourquoi je m'en allais sans avoir visité Mombedj, et l'on m'affirmait que, si des mesures n'étaient promptement prises, il y aurait certainement bataille et effusion de sang. Le lendemain j'atteignis Bab, où je dus m'accommoder, comme la première fois, de la salle d'estaminet, de plus en plus bondée de fumeurs et de buveurs. Le surlendemain, matin de Noël, je partis de bonne heure et j'arrivai rapidement à Alep, où je trouvai Schaefer debout et beaucoup mieux portant, quoique n'étant pas encore en état de se remettre en route. Gabriel n'avait cessé de le soigner de la manière la plus attentive.

Peu après mon arrivée, l'évêque anglais d'Aïntab vint nous voir, et nous lûmes l'office ensemble. Il avait appris tout son anglais dans le livre de prières et n'en essaya pas moins de chanter le *Venite*, entreprise passablement difficile. Cet évêque était un ancien prêtre arménien converti à l'église d'Angleterre et sacré évêque d'Aïntab par l'évêque Gobat, à Jérusalem. C'était un homme très aimable, que nous aimions tous. Mais il y avait un point qui nous divertissait beaucoup et sur lequel il était impossible de ne pas sourire, même en sa présence.

Quand il était retourné à Aïntab, en qualité de prélat anglican, il s'était cru le droit de porter la même coiffure que les évêques arméniens. Ceux-ci, le considérant comme hérétique, voulurent s'y opposer, et, sur son insistance, ils en appelèrent à Constantinople. Le sultan, après longue et mûre délibération avec ses ministres, déclara que l'évêque incriminé était dans son tort, mais que cependant, dans sa situation et avec son titre, il avait droit à un couvre-chef spécial. On fit donc dessiner et confectionner une coiffure qu'on envoya au consul d'Alep, pour qu'il la lui remît. Ce chapeau, qu'il portait les dimanches et jours de fête, était une sorte de barrette en velours violet avec un petit bouton doré au sommet. Dans les autres circonstances, il avait un fez, qui contrastait singulièrement avec ses vêtements ecclésiastiques.

Le temps était devenu très froid. Il gelait ferme la nuit, et les montagnes étaient toutes couvertes de neige. Aussi les bécasses s'étaient-elles rapprochées des jardins de la ville, pour s'y abriter, de sorte qu'il était facile d'en tuer cinq à six couples dans une tournée du matin ou de l'après-midi. Je persuadai à Schaefer de se remettre à sortir, et, comme après quelques chevauchées son état s'améliora rapidement, nous commençâmes à chercher des mules et des hommes pour préparer notre départ d'Alep. L'essentiel était d'abord de nous procurer un cuisinier, en remplacement de celui que nous avions congédié à Hamah ; nous finîmes par jeter notre dévolu sur un vieux bonhomme, du nom d'Élias, qui jouissait d'une bonne réputation et qui, après être resté dix-sept ans dans la même place, avait été quelque temps au service du docteur Bischoff.

MM. Malet et Henderson arrivèrent tous deux le même jour. Le premier venait de traverser la Palestine. Il avait été à Balbek et à Damas, y avait réglé l'affaire du zaptieh qui avait attaqué notre muletier et recueilli en même temps des informations générales sur l'état du pays. Dans une localité il avait trouvé la population coupant ses oliviers, parce que le montant des taxes assises sur ces arbres dépassait la valeur de la récolte; dans un autre endroit, le chef du village s'était bâti une superbe maison avec le montant des cadeaux qu'il avait reçus des gens désireux de se soustraire à la conscription. Cet homme ne lui avait pas paru le moins du monde confus de son action et lui avait au contraire raconté tout au long, avec le plus grand sans-gêne, sa façon d'opérer. Quand des habitants étaient désignés pour le service, il se faisait remettre par eux des sommes variant selon leur fortune et les envoyait se cacher jusqu'au départ des agents de recrutement; après quoi il dénonçait les malheureux, qui se voyaient contraints de partir comme soldats; d'où pour lui un double profit : celui de se mettre de l'argent en poche et celui de se débarrasser de gêneurs.

Quant à M. Henderson, ce qu'il me raconta de son voyage me fit m'applaudir d'être allé à Karkémish, au lieu de l'avoir accompagné. Il avait trouvé des chemins détestables et couverts de neige. Deux zaptiehs escortant la poste de Constantinople étaient morts de froid près de Marash.

J'allai visiter avec M. Malet quelques-unes des plus belles maisons d'Alep, bâties il y a deux ou trois cents ans, à l'époque où le commerce entre l'Orient et l'Occident passait encore par cette ville. Cette course fut des plus intéressantes. Nous suivions des ruelles étroites et sales, flanquées de murs pleins, que coupait seulement de place en place un balcon à grillage, construit pour permettre aux habitantes des harems de voir les passants. Nous nous arrêtions devant quelque petite porte basse, et nous frappions; la porte s'ouvrait : un étroit corridor nous donnait accès dans la cour, et là seulement se découvrait à nos regards l'antique magnificence de ces demeures.

Le centre de la cour est ordinairement occupé par une fontaine, des orangers et d'autres arbres. Sur le milieu d'un des côtés est une vaste alcôve montant jusqu'au toit, avec un dais richement peint et sculpté. Le plancher de cette alcôve, généralement élevé de deux ou trois pieds au-dessus du niveau de la cour, est pavé de mosaïques en marbres de couleur, et les murailles sont couvertes de panneaux peints et dorés. C'était l'habitation d'été de la famille. Les principaux appartements de réception sont en face. Ces pièces ont en grande partie la même ornementation, avec des buffets sculptés et des grillages aux fenêtres. Il n'y a jamais deux panneaux pareils; mais ceux qui se correspondent offrent suffisamment d'analogies pour témoigner d'un dessin harmonieux dans l'ensemble. Au dehors, sur la cour, les fenêtres sont munies de balustrades en pierres dissemblables entre elles, mais se mariant bien. La richesse d'invention des artistes paraît avoir été merveilleuse.

La coloration a aujourd'hui des tons calmes, doux; là seulement où l'on a tenté une restauration, les rouges, les jaunes et les verts crus employés produisent un effet désagréable. L'ameublement intérieur de ces habitations n'a rien qui les dépare : vieux tapis persans, porcelaine et joaillerie orientales, sculptures indiennes et chinoises : tout est d'un grand prix. Les propriétaires, qui savent ce que valent ces objets en Europe, ne s'en sépareraient pas facilement; néanmoins ils y font à peine attention et réservent le plus gros de leur estime à des bibelots criards et à des images européennes modernes qui, à en juger sur leur apparence, doivent avoir été dénichées dans les foires de village. Tous les artistes qui ont décoré ces demeures sont morts sans laisser de successeurs. Je crois qu'il n'y a qu'à Damas que survit la science de l'ornementation orientale ou sarrasine.

Le premier jour de l'an, il y eut un échange général de visites entre tous les membres du corps consulaire. Le soir, Schaefer et moi, nous nous rendîmes à une réunion chez le docteur Bischoff. Il y eut force chants, force musique arabe ou turque : ce qui n'a rien d'agréable pour des oreilles européennes. La seule chose amusante, ce fut un homme qui, les deux mains attifées comme le sont celles des marionnettes, se tenait couché sur le dos, recouvert de châles, de façon qu'on ne vît de lui que lesdites mains. Il les agitait en une mimique assez drôle, joignant de splendides soufflets pour ceux qui s'approchaient de lui. Je crois que ce jeu se joue aussi dans les harems; mais là, m'a-t-on dit, les pièces sont généralement des plus obscènes.

CHAPITRE VIII

D'ALEP A ORFA

I

Schaefer se trouvant enfin rétabli, nous nous procurâmes, non sans peine, des muletiers, et nous nous remîmes en route. Le premier jour, nous couchâmes à Djibreen, grand et confortable village à six milles d'Alep; puis, le lendemain soir, ayant laissé au sud-est le lac d'Es-Sabcha, nous arrivâmes à Tédif, ville voisine de Bab. Quoique du dehors elle eût un air assez avenant, avec son entourage de verdure et ses maisons blanches au sommet d'une colline, c'était en somme un véritable bouge, encombré de Circassiens, qui se rassemblèrent curieusement autour de nous, palpant nos étriers et nos armes. *Sultan*, que je montais, se formalisa de ces privautés, et se mit à piaffer de telle sorte, qu'il se fit bientôt place nette.

Ne trouvant pas à nous loger dans la ville, force nous fut de chercher à l'extérieur un endroit où planter nos tentes. Il faisait un froid terrible, et, quand les muletiers nous rejoignirent, ils protestèrent à l'unanimité, déclarant que les animaux souffriraient tellement de la température pendant la nuit, qu'il leur serait impossible de voyager le lendemain matin. Nous commencions à désespérer, quand il nous vint deux propositions pour un asile : l'une d'un juif, qui s'offrait à nous recevoir; l'autre d'un mahométan, qui mettait à notre disposition une écurie pour nous et pour nos chevaux. Nous acceptâmes cette dernière offre, et nous fûmes conduits à un édifice assez spacieux avec un petit emplacement séparé de l'écurie, où nous pûmes dresser nos lits, manger notre souper et écrire notre journal.

Quand nous partîmes le lendemain matin, les gouttières et les flaques d'eau étaient entièrement gelées, un vent perçant soufflait du nord-est et nous faisait frissonner. Nous acceptâmes donc avec le plus grand plaisir une invitation à prendre le café dans un village situé à une heure et demie de Tédif, et à nous chauffer autour d'un brasero rempli de charbon. Le frère de notre hôte avait mal aux dents et nous demanda de faire quelque chose pour lui. Je pensai au vieux remède de poivre et d'alcool. Je remplis une tasse à café d'une mixture d'eau-de-vie et de poivre rouge, j'en imbibai un chiffon dont je lui entourai la tête. Il nous dit que c'était excellent et qu'il en ressentait une agréable sensation. Comme sa peau était épaisse comme celle d'un rhinocéros, j'espère que l'effet de mon remède s'est arrêté là, tout en guérissant la dent.

Le soir, nous nous arrêtâmes à un village arabe, où nous fûmes chaleureusement accueillis par le cheik, qui nous donna une écurie pour nos animaux, et nous offrit une maison pour nous; mais nous pensâmes que nous serions mieux sous nos tentes, et nous refusâmes. Quand les tentes furent dressées, le cheik vint nous visiter, et, trouvant le cuisinier en train de nous préparer à manger, il se fâcha tout à fait, disant que c'était déjà bien assez que nous ne dormissions pas sous son toit, mais qu'il ne supporterait pas que nous ne vinssions pas dîner chez lui.

Après qu'il eut examiné nos fusils et nos pistolets, nous l'accompagnâmes à sa demeure, où ses fils s'occupaient à tout mettre en bon ordre et avaient déjà disposé les pipes et le café. Pendant que nous buvions, arriva une file de chameaux chargés de grains pour la garnison d'Alep. Le souper fut excellent, quoiqu'il n'y eût pour tout le monde qu'un plat, où il fallait pêcher les morceaux avec les doigts. Après le repas, pipes et café firent une nouvelle apparition, et nous nous mîmes à converser *de omni re scibili*. On parla d'abord politique. Il y avait chez toutes les personnes présentes unanimité de réprobation pour l'état de choses actuel. La corruption était, disait-on, plus profonde que jamais; la seule espérance pour l'avenir était dans la venue des Anglais, qu'ils attendaient anxieusement. Ceci était en partie de la flatterie. Nos interlocuteurs avaient eu vent du débarquement de nos troupes à Iskandéroun, et ils semblaient croire que tout le pays allait être occupé, que les pachas et les fonctionnaires prévaricateurs seraient expulsés, que les Anglais arrivaient avec de l'argent, des routes, des chemins de fer dans leurs poches, et que l'existence serait désormais pleine de charmes. Ils paraissaient garder au sultan une sorte de fidélité vague; pour tout le reste du système, ils l'auraient volontiers balayé.

De la politique nous passâmes à l'amour, à la guerre, à la chasse. Un Paganini arabe exhiba un violon à une seule corde, dont il se mit à jouer assez adroitement, en chantant une longue improvisation sur les Anglais et leurs nombreuses qualités, sur les Arabes, leurs chevaux et leurs chiens. De temps en temps toute la compagnie, à qui la mesure paraissait familière, se joignait à la mélodie, en une sorte de chœur inarticulé.

Un autre individu apporta une flûte, et des duos vinrent enrichir l'ordre du jour; le ton en devint bientôt rapide et furibond, et il fallut ensuite de la danse à ces Arabes d'ordinaire si calmes. On alluma près de nos tentes un grand feu, autour duquel nous nous réunîmes. D'abord les musiciens jouèrent pendant que les autres dansaient en rond, à peu près comme l'on fait au centre de l'Afrique; puis, au bout d'un instant, l'excitation devint si forte, que, ne se sentant plus capables de tenir en place, ils jetèrent leurs instruments pour se joindre à la ronde. Le bal se continua impétueux et sauvage, avec accompagnement de chants et de claquements de mains; Gabriel et tous nos hommes y prirent part. A la fin, la fatigue produisit un arrêt. Mais, après quelques minutes de repos, tout le monde se retrouvant en train, on se mit à jouer à la lutte et à saute-mouton. C'était la plus drôle chose du monde de voir ces hommes barbus, vêtus de chemises arabes, se jeter ainsi les uns sur les autres.

Il était près de minuit quand se termina la fête. Je n'en fus pas fâché. Quoique bien enveloppé et tout près du feu, je trouvais que l'immobilité, par une nuit où il gèle, présente plus de dignité que de confortable. Nous fûmes bientôt dans nos sacs de nuit et endormis profondément. A peine en croyions-nous le cheik quand il vint, le lendemain matin, nous annoncer que le soleil était levé.

Après le déjeuner, départ pour Mombedj. La route est mauvaise et n'offre point d'intérêt jusqu'à environ quatre milles en deçà du village. Là se trouve un curieux canal souterrain, qui amenait jadis l'eau d'une source jusqu'à un réservoir, à l'entrée de l'ancienne cité ; la ligne des regards, bouchés aujourd'hui en beaucoup d'endroits, est encore visible. Arrivé à Mombedj, la première chose que j'y aperçus, ce fut l'établissement des Circassiens.

Beaucoup de masures en pierre de taille avaient été bâties au milieu des ruines, les anciens édifices servant de carrières. Une certaine préoccupation de la beauté semblait avoir hanté la cervelle des constructeurs, car les impostes et les linteaux étaient souvent formés de pierres sculptées. Aux regards que ces hommes jetaient sur moi, je devinais qu'ils m'eussent volontiers dépouillé, pour peu que cela en eût valu la peine et qu'il y eût eu chance de n'être point pris. Pas un de mes saluts n'obtint de réponse. Je me dirigeai de là vers le campement arabe, où les mules étaient déjà rendues et où le cheik Abed et sa famille nous firent l'accueil le plus hospitalier et le plus aimable.

Il n'y a pas plus de trente ans que ces Arabes de Mombedj, fraction de la grande tribu des Aneizehs, ont commencé de cultiver la terre. Ce sont encore, par le fait, des demi-nomades, continuant de vivre sous des tentes absolument semblables à celles de leurs congénères du désert. Sans effectuer, comme ceux-ci, de grandes migrations, ils changent cependant de séjour, pour procurer à leurs troupeaux plus de nourriture ou plus d'eau ; néanmoins Mombedj reste toujours leur quartier général, le centre de ralliement où ils ne manquent jamais de revenir à l'époque des semailles et au temps de la moisson.

Le cheik Abed, bel homme de trente-cinq ans, se souvenait de l'installation de son père à Mombedj ; depuis lors, nous dit-il, tout avait réussi aux siens jusqu'au moment où l'arrivée des Circassiens avait tout gâté. Non contents de l'emplacement que le sultan leur avait assigné, les nouveaux venus avaient prétendu empiéter sur le territoire des premiers occupants. Ceux-ci s'y étant opposés, les Circassiens avaient brisé leurs charrues, les avaient eux-mêmes chassés et s'étaient mis à entraver leurs travaux agricoles. Il y avait six semaines que les choses étaient en cet état et, malgré une pétition adressée par les Arabes au wali, personne ne s'était occupé de leur affaire. L'impunité rendait les Circassiens de plus en plus audacieux. Ils en étaient à voler le bétail, et il leur était même arrivé de battre et de dépouiller des femmes et des enfants qu'ils trouvaient ramassant des broussailles pour faire du feu. Le cheik Abed allait se rendre en personne à Alep, pour y tenter une suprême démarche; après quoi, en désespoir de cause, il appellerait à son aide ses parents et ses congénères du désert.

Nous le dissuadâmes vivement de tout recours à la force, parce qu'il se mettrait ainsi dans son tort et que d'ailleurs, en admettant qu'il vînt à bout des Circassiens, il y avait assez de soldats à Alep pour le mettre ensuite facilement en déroute, lui et tous les siens : ce qui était la misère assurée.

Notre avis était qu'il entretînt de son affaire le corps consulaire et réclamât son intervention. Nous lui promîmes d'écrire à ce sujet à Henderson et de mettre dans nos lettres une note, rédigée par lui et ses principaux compagnons, sur les causes de leur conflit avec les Circassiens. Nous l'assurâmes en outre que, si Henderson nous rejoignait à Jérablus, comme il nous l'avait fait espérer, nous l'en aviserions par un exprès, pour qu'il pût avoir avec lui une entrevue personnelle.

Cette consultation terminée, on servit d'abord un dîner à la mode européenne, c'est-à-dire avec une table et des sièges; le cheik et un de ses amis, resté avec lui, manœuvrèrent très convenablement leurs fourchettes et leurs couteaux, quoiqu'ils parussent toucher ces objets pour la première fois et n'en comprissent point la nécessité du moment que les doigts étaient là. Le couvert enlevé, le repas du cheik fut servi à son tour. Nous eûmes donc à nous asseoir par terre et à nous conformer à la mode arabe, notre hôte alléguant que, puisque nous l'avions fait manger à l'européenne, il était juste que nous mangeassions maintenant à la mode orientale.

Après ce souper en partie double, nous allâmes prendre le café à la grande tente du cheik, au milieu de laquelle brûlait un feu de broussailles. Celui qui faisait le café, un artiste en son genre, occupait la première place dans le cercle des assistants. Il grilla d'abord les grains à point ; ensuite il les broya au mortier, en donnant aux coups du pilon une certaine cadence rythmique, permettant quelquefois à quelque néophyte de le suppléer, mais sans se montrer jamais satisfait, et reprenant toujours la besogne en personne. Le café une fois moulu, la cuisson de l'eau, l'infusion et le transvasement furent également l'objet de soins minutieux ; après quoi le breuvage fut déclaré digne d'être dégusté. Il fallut alors délicatement rincer chaque tasse avec quelques gouttes du précieux liquide. Enfin, après l'avoir goûté lui-même, le préparateur le versa dans les coupes légères, sans se départir de la précision et de la grâce d'un maître. La réunion offrait un coup d'œil pittoresque. Chacun était assis ou couché sur des tapis et des coussins, le cheik et nous au centre du groupe. La conversation parcourut toutes les gammes : chasse, guerre, chemins de fer, télégraphes, canons anglais, possibilité de vivre dans un pays sans soleil, tout se mêla en une série de divagations dignes des *Mille et une Nuits*. L'auditoire se délecta également aux choses de l'Afrique, heureux d'apprendre que dans le *Barr-el-Soudan* les négociants arabes étaient les plus hardis et les plus heureux et que j'avais des amis dans ces lointaines contrées. Ce qu'ils ne pouvaient comprendre cependant, c'est que des Arabes pussent demeurer dans un pays où il n'y a ni chameaux ni chevaux, et chacun s'écriait qu'il aimait mieux rester pauvre dans sa patrie, que de devenir riche là où il fallait faire à pied de si pénibles voyages. Pendant ce temps nos hôtes faisaient à nos blagues à tabac de larges emprunts. Pour eux, le tabac qu'ils cultivent, ou qu'ils achètent dans les villages et les petites villes, ne valait pas le nôtre, rapporté d'Alep.

La scène était vraiment grandiose. Notre tente blanche brillait sous la froide et claire lumière de la lune ; des masses de bétail entouraient les tentes noires de nos hôtes. Au centre était le cercle des Arabes, pittoresquement accoutrés, la *kofia* (mouchoir de tête) accentuant encore l'étrangeté de leurs figures, où les jeux d'ombre et de lumière produits par la lueur inégale du brasier jetaient toute sorte de reflets fantastiques.

Les ruines de l'ancienne Hiérapolis sont encore parfaitement visibles à Mombedj ; il y a des parties de murs restées debout qui ont par endroits près de quarante pieds de haut. On distingue même des directions de rues et d'aqueducs et un certain nombre de petits réservoirs, outre le grand bassin de décharge du canal souterrain précité. La pierre dont ce dernier est construit est une craie jaunâtre fossilifère, semblable à celle dont on se sert aujourd'hui à Alep. Quoiqu'il n'y ait pas de grands vestiges d'architecture, il en reste cependant assez pour démontrer que la ville a jadis été florissante et bien bâtie. Deux petites mosquées marquent les sépultures de quelques santons mahométans. Les Circassiens les ont profanées et ont soulevé par là la colère des Arabes. Quoique ces populations ne soient point fanatiques et poussent même le relâchement jusqu'à négliger rites et prières, elles ont un grand respect pour les morts et ne peuvent admettre que ces émigrés du Nord, qu'on leur avait représentés comme des coreligionnaires, souillent des lieux qu'ils ont en vénération.

Hiérapolis est fameuse pour avoir servi de point de concentration aux armées réunies par Julien l'Apostat contre la monarchie sassanide de Sapor. Il y eut là jadis un temple magnifique, dont les richesses faisaient vivre trois cents prêtres dans l'aisance et le luxe. Le nom de *Ninus Vetus*, employé par Ammien, tendrait à faire penser qu'Hiérapolis a été le siège de l'empire assyrien. Peut-être y aurait-il à en tirer quelque indication sur l'identification avec Karkémish, qu'ont fait soupçonner les découvertes de M. Smith.

Après avoir fait le tour des ruines, je pénétrai derechef dans le village des Circassiens, mais vainement. J'essayai d'y trouver quelqu'un qui pût ou voulût me comprendre. Force me fut donc de rebrousser chemin, sans avoir rien appris de ce côté au sujet du conflit avec les Arabes.

Le reste de l'après-midi fut employé par une séance médicale. L'ophtalmie est ici fréquente, et j'eus à traiter de ce mal des enfants à la mamelle aussi bien que des vieillards. Le remède favori des Arabes est dans ce cas la poudre de sucre candi, qu'ils appellent sucre anglais, le distinguant ainsi du *zuka-al-Mesr*, ou sucre égyptien, dont ils n'usent que pour le manger, et pour lequel ils ont un goût désordonné. Je fus prié de rendre la santé à un paralytique, de guérir des femmes stériles, ou, si je n'avais pas de remèdes à cette fin, d'écrire du moins des mots magiques, que les patients porteraient sur eux et qui par l'effet du temps et de la foi amèneraient certainement un résultat.

Le lendemain matin, je pris congé du cheik, qui voulut avant mon départ essayer mon fusil Winchester, qu'il avait examiné attentivement. Nous choisîmes pour cible une grosse pierre blanche, à environ cent cinquante mètres, sur laquelle je tirai mes douze cartouches aussi rapidement que je le pus. J'eus la chance de ne pas manquer le but une seule fois. Le cheik, à son tour, mit en joue, mais il ne sut pas s'y prendre ; la seule arme dont il eût l'habitude était la lance.

II

Après avoir dépassé le Nahr-Sadschur, où se jette une petite rivière que nous avions suivie au sortir de Mombedj et que traverse le chemin de Jérablus, nous trouvâmes un certain nombre de sentiers divergents, si bien que, les muletiers, Mohammed et le zaptieh n'étant pas d'accord sur le chemin à prendre, je résolus de m'en rapporter à moi-même. Sachant que de quelques coteaux à notre gauche l'Euphrate devait être en vue, je piquai droit vers le plus élevé, pour voir si je n'apercevrais pas un point des environs de Jérablus facile à reconnaître. De la hauteur je découvris en effet le fleuve et les autres collines, derrière Jérablus ; je redescendis donc pour montrer le chemin à la caravane ; mais celle-ci avait disparu pour gagner la ville par un autre chemin. Seuls Gabriel et deux hommes étaient restés près de moi. Ne voulant point revenir sur mes pas, je continuai d'avancer avec eux dans la direction que je m'étais choisie. Bientôt nous atteignîmes une espèce de ravin qui descendait entre deux collines vers le fleuve. Dans ce ravin se trouvait un grand campement arabe ; tous les enfants étaient en train de jouer à saute-mouton. Une fois dans la plaine, nous chevauchâmes à l'ombre des falaises qui séparent le pays plat de la région accidentée. Ces falaises sont de la craie tendre, dans laquelle on a creusé d'innombrables cavernes. Quelques-unes sont aujourd'hui inaccessibles, d'autres partiellement éboulées ; mais un grand nombre sont habitées par les Arabes pauvres, qui y trouvent, pour eux et pour leur bétail, un abri sec et chaud. Outre ces troglodytes, des pigeons et des perdrix sans nombre ont fait leurs nids dans ces rochers, et je ne pus résister à la tentation d'en tuer avec ma carabine une couple qui se chauffait au soleil du soir. Malgré la justesse de l'arme, le sacrifice des pauvres bêtes fut inutile, car les balles les mirent en pièces et les rendirent impossibles à manger.

En quittant l'ombre des rochers, de la plaine qui allait en s'élargissant nous aperçûmes au loin Jérablus, et au même moment mon attention fut attirée par des coups de fusil : c'était le reste de notre caravane qui débouchait d'une petite vallée latérale. Deux heures après seulement, à cause de l'obscurité qui nous obligeait à marcher avec précaution pour éviter les trous que creusent les rats et les cochons sauvages, nous atteignîmes Jérablus. Tout le monde sortit pour nous souhaiter la bienvenue, et le cheik Hosayn mit à notre disposition la maison même que j'avais occupée lors de notre précédente visite.

Pendant les trois semaines qu'avait duré mon absence, les fouilles n'avaient guère marché ; on avait bien fait en tout l'ouvrage d'une demi-journée ; aussi, dès le lendemain, me hâtai-je de remettre mes hommes à une besogne un peu plus fructueuse.

Le bas-relief qui n'avait pas été brisé portait deux figures d'hommes, debout sur un lion rampant ; l'un avait une épée, l'autre deux larges éventails de plumes. Leurs cheveux et leurs barbes étaient disposés à la manière assyrienne. Les marches étaient larges et plates, et les pierres hiéroglyphiques paraissaient avoir formé l'entrée de l'édifice où les marches conduisaient. Au-dessous des bas-reliefs se trouvait une fondation de grandes pierres brutes. Les constructions dont ces pierres ont fait partie avaient probablement été démolies pour servir à l'érection de maisons de la ville moderne. Quelques jours après, aucune nouvelle n'arrivant d'Henderson, nous décidâmes de ne plus l'attendre et de partir le lendemain. Ce matin-là se trouva être pluvieux et presque glacial. Une fois que nous fûmes en route, la pluie cessa peu à peu, mais pour faire place à une bise aigre et froide du nord-est. Nous vîmes quelques lièvres, mais le temps était trop mauvais pour la chasse, et nous ne fûmes pas fâchés d'arriver, vers deux heures et demie, à un khan, où nous trouvâmes du café chaud, du pain, et où nous pûmes nous réchauffer autour d'un feu pétillant. Presque tous les habitants du village s'étaient rendus aux fêtes d'un mariage dans une localité voisine. Les deux ou trois restés à la garde du pays s'occupaient à dépouiller de leur épiderme de grands roseaux, qu'ils disposaient ensuite pour en faire de la corde.

Après avoir quitté le khan, nous aperçûmes les arbres des jardins qui entourent Bir-ed-Djik, et nous pûmes bientôt distinguer la citadelle, bâtie en pierre crayeuse, d'un jaune rouge et extrêmement légère. Quant aux maisons, comme elles sont en tuf et adossées à une montagne du même genre, nous ne les aperçûmes que longtemps après. En approchant, nous vîmes quelques hommes avec des lévriers poursuivant des gazelles, parmi lesquelles il y en avait une noire ; mais ils étaient un peu loin de notre chemin, et nous étions obligés de nous presser si nous voulions arriver au bac assez à temps pour passer le même soir à Bir-ed-Djik.

Nous atteignîmes enfin un terrain plat, que le fleuve submerge lors des crues du printemps, et nous prîmes l'avance au galop pour faire préparer les bateaux. Quand nous fûmes en face de la ville, tous les bateaux avaient cessé de naviguer. Le vent soufflait furieusement de l'est ; aussi nos cris et nos coups de fusil restèrent-ils longtemps sans être entendus. A la fin, nous attirâmes l'attention, et l'un des bacs fut détaché et se mit en devoir de traverser l'eau.

L'arche de Noé était certainement un *clipper* perfectionné en comparaison de la machine qui se dirigeait péniblement vers nous. Elle était construite de planches brutes, en charpente grossière, calfeutrée avec du coton et peinte de bitume. Ses ponts étaient tout à fait plats, et les flancs à angle droit avec eux ; l'avant était légèrement recourbé et complètement ouvert. La poupe s'élevait démesurément en pointe. Un gouvernail fait de branches mal attachées ensemble tournait sur cette poupe ; à l'extrémité, plongeant dans l'eau, une planche était clouée, tandis qu'à l'autre bout une grosse pierre faisait contrepoids. Sur une espèce de plate-forme se tenaient le patron et un homme qui manœuvrait ce pseudo-gouvernail, et donnait de temps en temps un coup de perche pour pousser le bateau en avant. A l'avant, trois hommes s'escrimaient avec un simple bâton en guise de rame, tout en faisant des contorsions et des évolutions. Cette prétendue rame était du côté du courant, sous prétexte de maintenir l'embarcation contre la violence de l'eau. Bien entendu, quand elle aborda, elle avait considérablement dévié, et il fallut que l'équipage en descendît pour qu'on la remontât au point voulu.

Le côté ouvert fut appliqué au bord du fleuve ; nous embarquâmes nos chevaux et celles de nos mules qui étaient arrivées, puis nous partîmes. Quand nous fûmes sur la rive orientale, la nuit était venue et le patron du bateau nous dit qu'il était contraire aux règlements de passer la rivière dans l'obscurité. Nous voilà donc, par ce vent piquant et par une pluie grésillante, sans cuisi-

Bac sur l'Euphrate.

nier et sans lit. Nous réussîmes pourtant à trouver un peu de café et à abriter nos chevaux dans un cabaret, mais sans pouvoir nous procurer de logements pour nous.

Nous voulûmes nous faire indiquer la demeure du kaïmakan ; nous eûmes grand'peine à engager quelqu'un à nous y conduire, sous prétexte qu'il était trop tard pour déranger ce fonctionnaire. A la fin le zaptieh Mohammed trouva un caporal, et nous envoyâmes Gabriel avec ces deux hommes chez le kaïmakan. Au bout d'une demi-heure le jeune garçon revint avec deux soldats, qui avaient l'ordre d'envoyer des bateaux chercher nos hommes; mais ils eurent beau faire, le batelier se refusa obstinément à regagner le bord opposé, si bien que nous prîmes le parti de nous rendre nous-mêmes chez le kaïmakan, pour qu'il arrangeât l'affaire. Celui-ci, un vieux bonhomme à l'air réjoui, nous reçut fort bien, et, après avoir dépêché quelqu'un vers le fleuve, nous procura l'abri d'une espèce de cellule carrée et de quoi souper.

Du temps de la reine Élisabeth, Bir-ed-Djik était déjà connu des commerçants anglais qui y passaient en se rendant vers l'Inde : les uns y prenaient un bateau pour descendre l'Euphrate ; d'autres, pour atteindre plus vite et plus facilement Bagdad, allaient rejoindre le Tigre, par Orfa. Il est probable que ces bateaux ressemblaient quelque peu aux bacs actuels ; aussi voit-on par les précautions que prenaient ces pionniers du commerce, que le voyage était difficile et dangereux.

Plusieurs de ces voyages ont été racontés par ceux qui les ont faits, et l'extrait suivant de l'un d'eux pourra sembler intéressant :

« En l'an de Notre-Seigneur 1583, moi, Ralf Fitch, de Londres, marchand, désireux de visiter les contrées des Indes orientales, je me suis embarqué à Londres sur le vaisseau *le Tigre*, en compagnie de M. John Newberie, négociant qui avait déjà fait le voyage d'Ormuz de William Leeds, joaillier, de James Storie, peintre, envoyé par l'honorable Edward Osborne, chevalier, et de M. Richard Steper, tous citoyens et marchands de Londres. Nous sommes d'abord allés à Tripoli, en Syrie, et de là nous avons pris le chemin d'Alep, où nous sommes arrivés en sept jours avec la caravane. D'Alep nous avons été à Birra, qui en est à deux jours et demi de marche, avec des chameaux. Birra est une petite ville, mais où l'on trouve abondance de vivres. Près de ses murailles coule la rivière de l'Euphrate. Nous y achetâmes un bateau et fîmes marché avec un patron et un marinier pour nous conduire à Babylone. Ces bateaux ne sont que pour l'aller, car la force du courant les empêche de remonter. On va jusqu'à une ville appelée Felugia; là on recède le bateau pour une bagatelle, car ce qui coûte cinquante à Birra se vend là sept ou huit. De Birra à Felugia il y a seize jours de voyage. Il est préférable de ne pas aller seuls; car, si par hasard le bateau venait à se briser, on aurait beaucoup de mal à protéger les effets contre les pillards arabes. La nuit, quand on s'arrête, il est nécessaire de faire bonne garde, autrement les Arabes, qui sont tous des voleurs, arrivent à la nage, vous dévalisent et se sauvent. Il est bon d'avoir un fusil pour se défendre; c'est une arme dont ils ont grand'peur. Sur l'Euphrate, de Birra à Felugia il y a des endroits où l'on paye des droits, tant pour la charge d'un cheval ou d'un chameau, plus un peu de raisin et de savon pour les enfants d'Arbaries, qui est le seigneur de tous les Arabes du grand désert et qui possède quelques villages sur la rivière. Felugia est une petite ville d'où l'on peut aller en un jour à Babylone. »

En 1583, John Eldred, avec six *ou sept autres honnêtes marchands*, partit de Londres. Ils arrivèrent à Tripoli, où les Anglais avaient un consul et une factorerie appelée : « Fondeghi Inglis ». De Tripoli ils allèrent à Alep, qui est la plus grande place *commerciale de toutes ces régions*, et de là en trois jours à Biresh. Le voyageur précité dit qu'en cet endroit le fleuve est aussi large que la *Tamise à Lambeth et aussi rapide que le Trent.* En vingt-huit jours il arriva à Felugia, d'où il se rendit sur un âne à Bagdad; là il se rembarqua pour Bassorah.

En 1699, Maundrell écrit ce qui suit :

« 20 avril. — La rivière est aussi large ici (Jérablus) qu'à Londres. Une balle de fusil n'atteint pas l'autre bord.

« 22 avril. — Nous sommes toujours arrêtés (en face de Bir) de peur de tomber dans les mains de l'envoyé du bacha d'Orfa, qui est à Bir, organisant un convoi de blé pour Bagdad.

« 23 avril. — L'envoyé étant parti, le cheik Assyne nous invite à gagner Bir. Nous traversons dans un bateau du pays; il y en a beaucoup, car c'est ici le grand lieu de passage. Ces bateaux, mal construits, sont ouverts par devant pour donner accès aux animaux. Ils sont de dimensions à porter quatre chevaux chacun. Le mode de navigation est de remonter à la hauteur voulue, et alors de traverser en s'aidant de mauvais avirons; on descend considérablement, par la force du courant, avant d'arriver de l'autre côté. »

Chesney trouva à Bir-ed-Djik seize bacs, et on lui dit qu'il y avait quelquefois là des caravanes de cinq mille chameaux.

Même dans l'antiquité, Bir avait une grande importance. On rapporte en effet qu'elle repoussa les attaques de Sapor, l'adversaire de Julien l'Apostat, qui avait voulu s'en emparer à cause de sa situation maîtresse sur le passage de l'Euphrate.

Nous y trouvâmes, nous, quinze bacs, et, quoique les pluies eussent rendu la traversée mauvaise, plus de cinq cents chameaux passèrent la rivière dans les deux sens, pendant la journée que nous y demeurâmes, et vinrent camper autour de la ville, où il y en avait déjà un millier.

Le récit de Maundrell est intéressant, parce qu'il montre que de son temps les bateaux étaient pareils à ceux d'aujourd'hui : ce qui prouve bien l'esprit de routine des Turcs.

Nous nous promenâmes par la ville, qui est extrêmement curieuse. Le flanc du coteau contre lequel elle est bâtie est tellement ardu, que le rez-de-chaussée d'une maison est de niveau avec le toit de celle qui est devant. Il en résulte que la plus grande partie de la ville forme des espèces d'escaliers, et que les rangées de toits servent de rues aux habitants d'en dessus. Le vieux château, d'architecture mi-génoise et mi-turque, n'est plus qu'une masure, avec quelques pièces inhabitables qu'occupent les zaptiehs et les soldats de la garnison. En dehors de la ville et au sud est un espace plat destiné au campement des caravanes, avec de grandes tentes ouvertes pour abriter les hommes et les marchandises. Ces tentes sont la propriété du gouvernement, qui les loue à des entrepreneurs. De plus, en dehors des khans de la ville destinés aux gens qui voyagent avec mules et chevaux, il y a des excavations pratiquées dans la craie tendre du coteau dont on se sert aussi comme de logis; quelques-unes sont assez vastes pour contenir un grand nombre de chameaux.

On en use surtout quand le temps est trop froid pour qu'on puisse habiter les tentes ouvertes.

Au cours de notre promenade, nous rencontrâmes une procession de petites filles, trottinant autour de la ville, vêtues de leurs plus beaux atours, chantant et frappant des mains. A leur tête était une enfant de onze à douze ans, placée sous un dais, que portaient deux fillettes plus grandes. Elle était couverte de pièces d'or et d'autre bijouterie et était évidemment la reine de la cérémonie; c'était en effet en son honneur que la fête se donnait: elle venait d'achever la lecture du *Mustafiz*, un des livres religieux mahométans.

Le surlendemain, nous nous remîmes en route, cette fois encore par une pluie glaciale, et, après avoir traversé d'abord de nombreux vignobles, nous débouchâmes sur un écheveau de petites collines, dans les excavations desquelles les chevriers se mettent à l'abri avec leurs troupeaux. Nous fîmes halte près d'un petit édifice, contenant un puits, où se réfugient d'ordinaire les voyageurs attardés.

J'étais occupé à donner aux chevaux quelques carottes que j'avais achetées en sortant de la ville, quand un homme au visage égaré vint tout à coup se précipiter à mes genoux, comme pour me demander assistance; derrière lui se présentèrent deux autres individus menant trois chameaux et deux ânes. L'un de ces hommes avait la tête en sang, et l'on voyait à leurs habits déchirés qu'ils venaient de soutenir une lutte. Effectivement, une demi-heure auparavant à peu près, ils avaient été attaqués par des voleurs, qui les avaient battus et dépouillés de leur argent. Il importait donc d'avoir l'œil au guet, et cela devint d'autant plus évident, qu'à peine avions-nous recommencé de cheminer que le cri de *Arrahmy! arrahmy!* (les voleurs! les voleurs!) retentit non loin de nous et que nous vîmes, courant parallèlement à notre direction, un douzaine d'hommes qui semblaient chercher à se cacher Comme la route, quoique assez plate, était flanquée d hauteurs, le zaptieh et moi nous fîmes patrouille de chaque côté, pour apercevoir à l'avance ceux qui vou draient nous attaquer, tandis que Schaefer et Gabrie réunissaient les mules et disposaient les domestiques e les muletiers pour la défense des bagages. Nous conti nuâmes d'aller dans cet ordre guerrier, sous la plui battante; le terrain était si boueux et si glissant, qu nous n'avancions que très lentement; les mules trébu- chaient à chaque pas, de façon piteuse. Au coucher du soleil, nous étions encore très loin de Tsamelik; mais le seul village en vue était si petit et si misérable, que nou nous déterminâmes à passer outre. Bientôt la nuit fu si noire, que, loin de pouvoir nous apercevoir mutuelle ment, nous ne voyions même pas la tête de nos chevaux Nous n'avions plus absolument pour nous guider qu'u petit miroitement de lumière sur l'eau qui remplissai les trous faits par les pieds des animaux.

Nous marchâmes ainsi jusqu'à un point où le sentier se bifurquait. De quel côté prendre? Nul ne le savait Comme nous nous consultions indécis, il nous sembla tout à coup sentir une odeur de fumée : ce qui nous dé cida à nous hasarder dans la direction d'où elle prove- nait. Bien nous en prit : au bout de quelques instants les chevaux commencèrent à marcher plus allègrement, et enfin, musique bienvenue! nous entendîmes des aboie- ments.

Un quart d'heure après, nous arrivâmes à un grand khan : c'était Tsamelik. Les portes étaient fermées et nous fûmes quelque temps à nous faire entendre, quoique nous frappassions de toutes nos forces en criant à tue- tête. A la fin, une voix s'éleva de l'intérieur pour nous dire que la maison était close la nuit et qu'on ne nous l'ouvrirait pas, de crainte que nous ne fussions des voleurs. On se détermina pourtant à le faire, et nous entrâmes. Les seuls occupants de l'endroit étaient quelques bergers avec leurs troupeaux. Nous obtînmes d'eux un quart de pouce de chandelle, que nous allumâmes avec difficulté, et ce que nous vîmes formait un piteux spectacle. Les chèvres et leurs maîtres occupaient tout un côté du carré, à l'exception d'une petite pièce qui, pour être abritée de la pluie par un toit, n'en avait pas moins de la boue à hauteur du genou. Les portes des bâtiments des trois autres faces étaient fermées; force nous fut donc de nous mettre à couvert dans ce coin, tandis que Mohammed et un des bergers s'en allaient à la recherche du gardien pour avoir les clefs. Les mules arrivèrent une à une. L'une d'elles était si épuisée, qu'elle se coucha toute chargée. Le chien Nimshi, qui se soignait toujours bien, s'étendit immédiatement sur elle.

Au bout d'un nouveau quart d'heure, Mohammed revint avec le gardien, qui ouvrit les pièces de l'une des faces, où nous trouvâmes une écurie sèche. Pendant ce temps le reste de la caravane était arrivé, et nous nous établîmes enfin à notre aise; on soupa, on se coucha, et chacun dormit bientôt profondément.

La journée du lendemain fut la répétition de celle de la veille, si ce n'est que nous aperçûmes quelques grandes outardes, auxquelles nous essayâmes vainement de donner la chasse; car, si la route était boueuse, c'était bien pis dans les terres fraîchement labourées où se tenaient les oiseaux. Nous rencontrâmes en outre le cadi de Diarbekr, qui cheminait escorté d'une demi-douzaine de zaptiehs et d'un officier. Ses femmes l'accompagnaient, portées dans des *tak-tarawans* (litières à mules) soigneusement closes.

Le soir seulement nous atteignîmes le sommet de l ligne de collines sur le versant oriental desquelles es Orfa. Pour la descente, il a été construit une route e lacets, taillée en plein roc, à certaines places, et qui dû demander beaucoup de travail. Malheureusemer elle a été si mal établie, qu'elle est déjà dans un état d dégradation avancé.

Il était nuit quand nous entrâmes dans la ville, o nous ne vîmes âme vivante. Deux khans où nous frap pâmes étaient soi-disant déjà pleins. Un habitant voulu bien nous fournir une lanterne et un guide pour nou conduire au tribunal, que nous trouvâmes sous la gard d'un sergent-major de zaptiehs, tous les officiers supé rieurs étant à une fête que donnait Halil-Bey, un de notables de la ville. Le sergent-major nous fit entre dans un corps de garde, chauffé par un poêle, et nou donna du café, pendant qu'un de ses hommes allai chercher le bimbachi. Celui-ci arriva bientôt après e nous ramena à l'un des khans d'où l'on nous avait précé demment éconduits ; cette fois, à la voix de l'autorité, l porte s'ouvrit bien vite et l'on nous donna des chambres

CHAPITRE IX

SÉJOUR A ORFA (L'ANCIENNE ÉDESSE); TRADITIONS ET LÉGENDES. — D'ORFA A DIARBEKR

I

Orfa, l'ancienne Édesse, a longtemps joué un rôle important dans l'histoire de l'Orient. Quoique ses habitants fussent traités de barbares par les citoyens raffinés d'Antioche, c'est dans ses rues que se parlait, c'est dans ses écoles et dans ses collèges que s'enseignait le plus pur dialecte syriaque, l'*araméen*.

Ses monarques, qui prenaient en montant sur le trône le surnom d'*Abgarus*, virent leur alliance recherchée des Romains et des Parthes, et leur amitié décida souvent du sort de la guerre dans les luttes sans cesse renouvelées des deux empires.

Ce fut à l'un de ces Abgares que le fameux Palladium fut envoyé par le Sauveur. Selon la tradition actuellement en cours à Orfa, le voile portant la miraculeuse image n'est jamais arrivé à destination; malgré cela, l'histoire nous montre son pouvoir invoqué pour repousser les assauts des ennemis païens ou musulmans.

D'après un récit qui me fut fait à Orfa, le roi Abgarus, affligé de la lèpre, avait longtemps et vainement cherché le soulagement de son affreuse maladie. Entendant parler d'un prophète juif qui guérissait beaucoup de malades, il envoya son premier ministre à Jérusalem pour demander à Jésus son assistance et lui offrir un asile contre les persécutions de ses concitoyens. Quand l'envoyé arriva, Notre-Seigneur était en train de prêcher dans le temple; il lui fit part de sa mission, plaidant longuement et chaleureusement la cause de son maître. Jésus lui prit alors son mouchoir de soie, s'en essuya la face et, le rendant au suppliant, il lui dit : « Que votre maître fasse de même et sa lèpre sera guérie. » Et sur le mouchoir était empreinte l'image des traits du Christ.

L'envoyé repartit en hâte. Pressé d'arriver à Orfa, il dépassa son escorte et se trouva seul à chevaucher. Quelques milles avant d'atteindre la ville, il fut attaqué par des voleurs et, pour sauver de leurs mains sacrilèges son précieux dépôt, il le jeta dans un puits taillé dans le roc.

Au bout de quelque temps il put s'échapper des mains des brigands. Nu et blessé, il se présenta devant Abgarus. Il lui fit son récit, et le roi lui donna des gardes pour l'accompagner jusqu'au puits; mais on eut beau le vider, le mouchoir ne s'y trouvait pas ; en revanche, une source d'eau claire et vive se mit à sourdre du rocher massif.

Abgarus vit là un miracle. Il pensa que des lotions de cette eau auraient la même vertu que le contact du mouchoir perdu, et en effet il fut guéri et sa chair devint comme la chair des autres hommes.

La source existe encore. Chrétiens et musulmans la regardent comme sacrée, quoiqu'elle semble avoir perdu ses qualités curatives, à en juger par les pauvres lépreux qu'on y rencontre sans cesse et qui vivent de la charité des pieux visiteurs.

L'histoire raconte d'autre part que le mouchoir sacro-saint fut longtemps regardé comme le plus précieux trésor et la sauvegarde de la ville. Après qu'on l'eut perdu de vue pendant cinq cents ans, l'évêque d'Édesse le présenta aux regards de la multitude en adoration. On attribua bientôt à sa présence sur les remparts l'échec de l'assaut de Chosroès, et il fut établi que sa possession garantissait la cité contre toute conquête par les païens.

Ajoutons qu'Édesse n'en devint pas moins la proie des Sarrasins, et la sainte image resta trois siècles en leur pouvoir, jusqu'à ce que la piété des maîtres de Constantinople l'eût rachetée moyennant douze mille livres d'argent, la libération de deux cents prisonniers et la proclamation d'une trêve perpétuelle dans le pays qui entoure Édesse.

Une autre légende que l'on raconte gravement concerne Nemrod et Abraham. Droites et fières, au-dessus de la ville actuelle, mais dans l'enceinte des antiques murailles, se dressent deux magnifiques colonnes corinthiennes, seuls débris de quelque temple ancien. On en attribue l'érection à Nemrod, *le grand chasseur devant l'Éternel*. Lui et Abraham étaient un jour à Orfa, et Abraham, s'autorisant de sa grande piété, reprochait à Nemrod sa conduite et celle de ses amis. Nemrod, qui n'aimait pas les sermons, résolut de punir Abraham de son indiscrétion. Il fit donc construire les deux colonnes et allumer entre elles un feu si ardent, qu'on n'en pouvait approcher; puis, saisissant Abraham, il le lança au milieu des flammes. Abraham tomba par terre dans l'attitude de la prière, et de l'empreinte faite par ses deux genoux jaillirent immédiatement deux sources, qui éteignirent les flammes avant que lui ou même son vêtement en eussent subi la moindre atteinte.

Sur ces sources, éloignées d'environ quarante pieds, est bâtie une vaste mosquée, et leur eau coule dans deux grands bassins remplis d'une espèce de carpes, quotidiennement nourries par les fidèles. Le derviche qui nous conduisait nous dit que ces poissons étaient les soldats d'Abraham ; mais un de ses confrères nous déclara que c'étaient, au contraire, les soldats de Nemrod. — Comment décider là où les docteurs ne sont pas d'accord ?

Cette légende, très ancienne, est mentionnée dans le vingt et unième chapitre du Coran, celui qui a pour titre : *les Prophètes*. Le motif de Nemrod pour persécuter Abraham était que celui-ci avait détruit les idoles de son père Térah. Ce passage est ainsi conçu :

« Et ce livre est un céleste enseignement que nous vous avons envoyé du ciel. Ne le croirez-vous donc pas ? Nous l'avions déjà révélé à Abraham, et nous savons qu'Abraham était digne de cette faveur. Rappelez-vous quand il dit : « Quelles sont ces statues que vous révérez « si fort ! » Ils répondirent : « Nos pères les ont révé- « rées avant nous. » Il dit : « En vérité, vous et vos « pères avez été dans l'erreur. » Ils répondirent : « Nous « parles-tu sérieusement ou te joues-tu de nous ? » Il reprit : « En vérité, votre Seigneur est le Seigneur « des cieux et de la terre. Il est votre créateur et je suis « un de ceux qui portent témoignage. J'en jure par le « Seigneur, je jouerai un tour à vos idoles, aussitôt que « vous vous serez retirés. » Et alors, en leur absence, il alla dans le temple où étaient les idoles et il les mit en pièces, excepté la plus grande, pour pouvoir attribuer la chose à celle-ci. Quand ils revinrent et virent ce qui s'était passé, ils dirent : « Qui a traité nos dieux « de la sorte ? C'est certainement un impie. » Et quelques-uns d'entre eux répondirent : « Nous avons entendu « un jeune homme nommé Abraham qui parlait d'eux

Fontaine d'Abraham.

« injurieusement. Amenez-le devant le peuple, pour « qu'il puisse être porté témoignage contre lui. » Et quand il fut amené devant l'assemblée, ils lui dirent : « As-tu « fait cela à nos dieux, ô Abraham ? » Il répondit : « Non, c'est le plus grand d'entre eux; mais demandez-« le-leur à eux-mêmes, s'ils peuvent parler. » Et ils se retournèrent les uns contre les autres, et ils se disaient mutuellement : « C'est vous qui êtes l'impie. » Puis, revenant à leur première pensée, ils dirent à Abraham : « En vérité, tu sais bien qu'ils ne parlent pas. » Abraham répondit : « Révérez-vous donc comme vos dieux ce qui « ne peut ni vous servir ni vous nuire? Honte sur vous « et sur ce que vous adorez! Ne le comprenez-vous « pas? » Ils dirent : « Brûlez-le et vengez nos dieux et « ce sera bien. » Et quand Abraham fut jeté dans le bûcher, nous avons dit : « O feu ! sois pour Abraham la « fraîcheur et le salut. » Et ils voulurent tramer quelque chose contre lui; mais nous les avons punis, et nous avons délivré Abraham et Loth en les conduisant au pays de toutes les bénédictions. »

La version juive, d'où dérive celle des mahométans, dit qu'Abraham alla chez son père Térah, durant son absence, et brisa les idoles. A son retour, Térah s'informa des causes de cette destruction. Abraham répondit que les dieux s'étaient querellés entre eux à qui possèderait une fleur magnifique qu'une vieille femme leur avait donnée. Térah vit le dilemme où on l'enfermait et comprit que répondre que les dieux n'avaient pas pu se battre, c'était admettre leur impuissance. Il se mit donc dans une colère violente, attacha Abraham et l'amena devant Nemrod, pour le faire châtier de son action sacrilège et de son blasphème. Les juifs traduisent aussi le mot *Ur* de Chaldée, par « feu de Chaldée ». Ils ne croient pas que le mot *Ur* soit le nom d'une cité, et ils impliquent par là que Nemrod essaya de punir Abraham en le brûlant.

La fable mahométane reste dans les mêmes données. D'après elle, Abraham, s'étant caché dans le temple des dieux païens, détruisit toutes les idoles, sauf la plus grande, tandis que les Chaldéens étaient tous partis à une fête en plein air. Autour du cou de l'idole épargnée, il pendit la hache ou le marteau dont il s'était servi. Les Chaldéens revinrent et Abraham interrogé leur dit qu'ils pouvaient bien voir que c'était Baal (ainsi s'appelait la grande idole) qui avait tout fait, puisqu'il avait encore la hache au cou. Ses compatriotes, furieux, le conduisirent devant Nemrod, et il fut condamné à être brûlé vif. Selon quelques-uns, cette sentence fut prononcée soit par un prêtre kurde, appelé Heyyoun, soit par un prêtre mage, appelé Andesshan, qui fut englouti dans le sol au moment où il condamnait le prophète. D'autres disent encore que ce fut Nemrod lui-même qui prononça cette condamnation.

Quoi qu'il en soit, ce fut Nemrod qui tenta de la mettre à exécution. Il fit enclore et remplir de bois à brûler un vaste emplacement. Quand cette masse fut allumée, elle produisit un tel foyer, que nul n'en osait approcher. Nemrod fit attacher Abraham et, le plaçant dans une machine fournie exprès par le diable, le lança au milieu des flammes; mais l'archange Gabriel assista le patriarche, de telle sorte que le feu ne lui fit aucun mal et brûla seulement les cordes qui le liaient. On ajoute que les flammes, ayant miraculeusement perdu leurs forces contre Abraham, devinrent pour lui comme une brise agréable et odorante, tandis qu'elles consumèrent deux mille idolâtres.

A la vue de ce prodige, Nemrod s'écria alors que, lui aussi, il voulait sacrifier au dieu d'Abraham et fit une offrande de quatre mille têtes de bétail. Bientôt cependant il retomba dans son erreur première. Après avoir essayé sans succès d'atteindre le ciel au moyen de la tour de Babel, il renouvela sa tentative, en se servant pour cela de quatre énormes oiseaux portant un siège dans lequel il s'était placé ; mais il ne réussit pas davantage et, ses efforts contre Dieu ayant été inutiles, il se retourna de nouveau contre Abraham, qui appela à son aide des essaims de moustiques. L'un d'eux pénétra dans l'oreille de Nemrod et lui causa de si horribles douleurs, que, pour s'en délivrer, le prince se faisait frapper la tête avec un marteau. Il eut à endurer cette torture jusqu'à sa mort, qui arriva quatre cents ans après.

Ces fables ne sont pas admises seulement par les juifs et les mahométans, elles le sont aussi par beaucoup de chrétiens d'Orient. Dans l'Église syrienne, le 25 janvier (second canon) est fêté comme l'anniversaire de la délivrance d'Abraham, et le 2 juillet (*Thamuz*) comme celui de la mort de Nemrod.

La situation d'Édesse, au pied des montagnes et à la limite des vastes plaines de la Mésopotamie, lui donnait une grande importance stratégique. Sa conquête permit à Sapor Ier d'étendre ses ravages jusqu'à Antioche et à Homs. Dans sa déroute, attaqué par Odenathus de Palmyre, mari de la fameuse Zénobie, il fut obligé d'acheter la neutralité des habitants, en leur abandonnant tout le butin qu'il avait fait au temple de Vénus, à Homs.

Constance en fit son quartier général quand il fut menacé par Sapor II, à l'orient, et par la révolte de son cousin Julien, à l'occident. Après sa mort, quand Julien eut pris la pourpre impériale, les chrétiens de la ville eurent le malheur de s'attirer sa colère. Il les dépouilla de tous leurs biens et, par surcroît, leur adressa ce cruel et ironique discours :

« Je me montre ici l'ami véritable des Galiléens. Leur admirable loi a promis aux pauvres le royaume du ciel. Ils iront plus vite dans les sentiers de la vertu et du salut, quand mon assistance les aura débarrassés du poids des biens temporels. »

Dans les guerres entre Chosroès et Justinien, nous voyons encore Édesse jouer un rôle important. C'est grâce à l'échec que sa vaillante garnison fit subir à Chosroès, que celui-ci consentit à une trêve de quatre années. C'est pendant ce siège, a-t-il été dit, que le Palladium aida à repousser l'assaut, et que sa présence sur les remparts contribua à la destruction, par le feu, des machines de guerre de l'ennemi.

Cinquante ans plus tard, la révolte des armées romaines, qui ébranla l'Empire jusque dans ses fondements, atteignit à Édesse son maximum de violence. Les soldats y renversèrent les statues des empereurs, jetèrent des pierres contre le voile miraculeux, et ne purent être ramenés à l'obéissance que par les dons considérables de l'empereur Maurice.

Engloutie par le flot de la conquête sarrasine, Édesse rentra sous l'obéissance de la croix grâce à la vaillance de Baudouin, frère de Godefroy de Bouillon, premier roi de Jérusalem. Quoique revêtu du signe des croisés et lié par leur serment, Baudouin ne craignit pas, pour s'enrichir, d'employer la trahison à l'égard d'un chrétien. Édesse à cette époque, quoique soumise aux musulmans, était une ville chrétienne administrée par un Arménien. Cet Arménien demanda à Baudouin de le délivrer, lui et son peuple, du joug des Sarrasins. Baudouin y consentit, et, se donnant le titre de fils et de champion de l'infortuné gouverneur, il se fit recevoir dans la ville. Une fois là, il assassina son hôte, s'empara de ses trésors, prit le pouvoir et fonda en Mésopotamie une principauté chrétienne qui dura plus d'un demi-siècle. Les Courtenay héritèrent par la suite du comté. La seule branche survivante de cette famille est les Courtenay d'Angleterre, qui ont possédé quelque temps le comté de Devon, et qui, pendant plus de six cents ans, ont tenu une noble place dans les annales britanniques, en dépit de leur fâcheuse devise : « *Ubi lapsus, quid feci.* »

A la fin de la première moitié du douzième siècle, le héros turc Zenghi, après un siège de quarante jours, prit d'assaut la ville d'Édesse. Il y perdit la vie, mais la cité rentra sous le joug de l'islam, qu'elle n'a plus secoué depuis lors.

Une ville dont l'histoire a été aussi accidentée ne peut guère avoir à se glorifier de vestiges considérables. Les plus importants qu'elle ait conservés sont les deux colonnes dont il a été parlé à la page 155. Un petit nombre de minarets carrés marquent les endroits où une église chrétienne a dégénéré en mosquée mahométane; quant aux remparts et autres restes de fortifications, ils sont encore en bon état de conservation.

II

De bonne heure dans la matinée, nous reçûmes la visite du bimbachi, qui venait voir si nous étions traités avec tout le respect voulu et confortablement installés. Peu après son départ arriva M. Martin, vice-consul de France, pour qui son beau-père, M. Nahoun (drogman du consulat anglais à Alep), nous avait donné une lettre d'introduction. Il nous reprocha beaucoup de n'être pas descendus directement chez lui, la veille au soir, au lieu d'aller au khan. Il voulait nous emmener séance tenante, mais nous préférâmes garder notre indépendance.

Ensuite nous nous rendîmes chez le pacha, qui était sur

le point de partir pour Alep. Son lieutenant, ami et compatriote de Khamil-Pacha, était avec lui.

Ce fonctionnaire nous parla très sensément, comme le font beaucoup de Turcs, de la nécessité des routes et des chemins de fer; mais, comme nous apprîmes qu'il allait à Alep pour répondre à une accusation de malversation des fonds publics, je suppose qu'il ne valait ni plus ni moins que tous ceux de ses confrères qui ont l'air de gouverner la Turquie d'Asie.

L'après-midi, nous rendîmes à M. Martin sa visite. Celui-ci a acheté de vastes terrains près d'Orfa. Il les cultive et exporte son blé. Quoique ses titres de propriété eussent été dressés et régularisés à Constantinople, plusieurs gouverneurs successifs l'avaient empêché d'entrer en possession avant qu'il eût payé de gros pots-de-vin. Trois ou quatre fois il donna la somme de cinquante livres; néanmoins, quoiqu'on lui laissât exploiter ses domaines, on se refusait à l'enregistrement des titres. A la fin, fatigué de tant de gaspillages d'argent, il donna en une seule fois cent cinquante livres, moyennant quoi il obtint tout ce qu'il voulut. Il nous dit qu'il réussissait fort bien, mais que la difficulté venait des prix de transport, qui le grevaient lourdement. Dans la bonne saison, il expédiait souvent douze cents chameaux en un jour. Il ne tarissait pas en récits et en renseignements curieux. Il avait longtemps vécu chez les Bédouins, et nous cita des traits de leur générosité et de leur sentiment d'honneur et d'hospitalité. « Il y avait un cheik arabe, nous dit-il, qui possédait la jument la plus estimée de tout le pays. Aucune des ruses et des embûches tramées par ses rivaux et ses ennemis pour s'en emparer n'avait réussi. Un jour, comme il était arrivé près d'une source où il était venu se reposer, il vit, couché sur le bord du chemin, un pauvre mendiant ayant l'air de ne pouvoir marcher. Il mit pied à terre et hissa le malade sur sa monture. Aussitôt que l'homme fut en selle, il se sauva en criant : « Fils de drôlesse, je suis un tel et je tiens enfin ta jument. »

L'autre répondit : « Soit, mais promets-moi deux choses : la première, c'est de la bien traiter ; la seconde, c'est de ne jamais dire à qui que ce soit comment tu l'as eue, pour n'empêcher personne d'aider les pauvres et les nécessiteux. » Le voleur fut si frappé de cette générosité, qu'il descendit de la bête, la rendit à son maître, et depuis tous deux furent amis intimes.

Une autre histoire concernait la conduite d'un Arabe à l'égard d'un Européen. Celui-ci était en visite chez un cheik ; en le quittant, il oublia son couteau, que son hôte, ne sachant où il était allé, ne put lui faire rendre. Quinze ou vingt ans après, les deux hommes se rencontrèrent de nouveau, et le cheik, montrant à l'Européen des chameaux, des moutons, des chevaux, lui dit : « Cela est à toi. » Son ami, tout surpris, le pria de s'expliquer : « Ne te souviens-tu pas d'avoir oublié ton couteau la dernière fois que tu es venu me voir? Ne pouvant te le rendre, ne voulant pas non plus le laisser dévorer par la rouille, je l'ai vendu pour une chamelle ; j'ai trafiqué de cette chamelle et de son produit, et j'ai acquis ces troupeaux, qui maintenant t'appartiennent. »

Le lendemain matin, Schaefer et moi, nous partîmes avec Daher et Élias, laissant au logis de M. Martin nos autres domestiques, nos chiens et nos bagages à la garde de Gabriel. Nous allions à Diarbekr, où nous avions promis une visite au major Trotter. Comme toujours, la location de nouvelles mules fut une grosse affaire. Sans le bimbachi, nous n'en serions pas sortis comme nous le fîmes. Même avec son secours, les quatre bêtes que nous réussîmes à nous procurer n'étaient que des rosses éreintées, et il était dix heures passées quand nous pûmes partir, sous une pluie battante.

Outre notre vieux zaptieh, le bimbachi, pour renforcer notre escorte, nous en avait donné un autre, qui répondait au nom d'Ibrahim Chaouch. Les Kurdes s'agitaient, disait-il, dans le pays. Nous couchâmes ce jour-là chez un riche propriétaire de troupeaux de moutons et de chèvres, qui avait visité le Caire, Constantinople, et possédait à Alep des correspondants auxquels il consignait sa laine.

Le lendemain matin, ni le temps ni la route ne s'étaient améliorés. Quelques cours d'eau avaient bien des ponts, mais souvent la pente en était si raide et le pas si mauvais, qu'il était beaucoup plus sûr de traverser à gué. On ne voyait point de chameaux sur la route ; mais nous rencontrions à chaque instant des mules chargées de gros paquets de ballots de cuir, de laine et d'autres produits du Kurdistan. Nous croisions aussi des caravanes entièrement composées d'ânes, et comme ceux-ci étaient fort petits, et que leurs chargements étaient énormes, on n'apercevait que leurs jambes et leurs têtes, ce qui produisait un singulier effet. L'après-midi, la pluie devint tout à fait continue et l'état du chemin tel, que nous ne pouvions plus marcher que sur un sentier des plus étroits, de sorte qu'à la nuit nous étions encore à trois heures de Severik, à mi-route entre Orfa et Diarbekr. Dans ces circonstances, nous fûmes heureux de nous réfugier dans un village kurde, et d'y loger dans un bouge occupé par des vaches, des chèvres, des moutons et des chiens, le tout pêle-mêle avec des êtres humains.

Le matin enfin, nous vîmes avec joie que la pluie avait cessé et que les nuages s'étaient éclaircis; aussi ne fûmes-nous pas longs à démarrer. Bêtes et gens cependant étaient si fatigués, que nous n'allâmes pas plus loin que Severik, d'où nous télégraphiâmes au major Trotter que notre arrivée à Diarbekr serait retardée d'un jour.

Nous trouvâmes là un excellent khan et un bon bain turc, deux choses appréciables après nos épreuves de la nuit passée.

Les visiteurs affluèrent auprès de nous, comme toujours, et parmi eux l'évêque syrien avec quelques membres de son clergé. Quant à l'évêque arménien, il se fit excuser de ne pas venir, par la raison qu'il était trop gros pour pouvoir quitter sa maison.

Nous allâmes ensuite flâner dans la ville, qui était pleine de voyageurs. Elle est le point de croisement de beaucoup de routes, et c'était certainement autrefois un endroit important. La citadelle, qui est en ruines, est une éminence artificielle construite en maçonnerie et de dimensions considérables, quoique moins grande et moins imposante que celle d'Alep. Le nom de la ville vient probablement de Sévère. Les troupes de Septime et d'Alexandre Sévère ont dû y passer en effet dans leurs campagnes contre les Parthes et les Perses.

Les bazars ressemblent à ceux de toutes les petites villes. Nous y achetâmes pour nos gens des gants et des bas de laine, parce que, entre Severik et Diarbekr, il y avait, nous dit-on, beaucoup de neige et que le froid était des plus vifs. Nous vîmes un grand nombre de Circassiens qui allaient rejoindre ceux de leurs compatriotes établis depuis la guerre de Crimée autour de Diarbekr, et qui, pour reprendre leur voyage, attendaient une température plus douce. Au lieu de leur donner de l'argent pour se nourrir, on leur faisait des distributions de blé tiré des greniers publics, distributions qui amenaient des scènes de désordre incroyables. Les Circassiens, beaucoup plus nombreux que les distributeurs, se jetaient sur les tas de grains, pour en emporter autant qu'ils le pouvaient, sans compter ce qu'ils gaspillaient.

En revenant au khan, nous fûmes abordés par un homme qui nous dit avoir été le chef de musique de Dawoud-Pacha, alors que celui-ci était gouverneur du Liban. Il nous demanda s'il pouvait venir nous donner un concert le soir, avec ses compagnons. Nous acceptâmes, et après le dîner ces gens arrivèrent. Le chef avait une espèce de guitare à très long manche, et toute son habileté à en jouer consistait à frotter le long des cordes un morceau de fer ressemblant à une aiguille à tricoter. Il était accompagné de deux autres instrumentistes et de deux enfants pour la danse. Les instruments étaient une harpe et un violon, la première formée d'une espèce de boîte sonore posée par terre et dont le musicien frappait les cordes avec des morceaux de métal fixés à ses doigts. Le violon avait trois cordes, et un très petit corps central avec de longs appendices, à l'extrémité desquels étaient assujetties les cordes, dont le milieu, à peu près, se trouvait ainsi reposer sur le chevalet; l'archet avait ses crins tout à fait lâches, c'était la manière de le tenir qui lui donnait la tension nécessaire.

La séance commença par la musique et le chant. Le premier chanteur était le joueur de guitare. Si sa voix laissait à désirer, les contorsions de sa bouche et ses grimaces étaient, en revanche, fort curieuses. Cette bouche s'ouvrait et se fermait comme un piège à rat, et l'aspect ébréché de ses dents ajoutait encore à la ressemblance. La danse vint ensuite, exécutée par les deux gamins, vêtus de cotillons et portant des sonnettes aux pieds et aux mains. C'était quelque chose d'inénarrable : au bout de deux minutes, nous mîmes la troupe des artistes, ébahie, à la porte, et, tout en payant le chef de musique, nous lui dîmes que, si jamais il avait le front de nous approcher, nous lui casserions sa guitare sur la tête.

Le lendemain, un peu avant d'arriver à Severik, nous trouvâmes une vraie route, très bonne jusqu'à la ville, et qu'on pourrait avec un peu de travail rendre tout à fait carrossable. Elle allait, nous avait-on dit, jusqu'à Diarbekr, et nous nous étions flattés d'y pouvoir voyager commodément et rapidement. Mais, bientôt après avoir quitté Severik, le chemin redevint pire que si on n'y avait jamais rien fait. De gros morceaux de basalte avaient été empilés par places pour former des fondations, et c'était tout. Il avait gelé pendant la nuit, et un vent aigre de nord-est soufflait des montagnes neigeuses, et comme, d'autre part, le soleil brillait, la surface de la glace à moitié fondue était si glissante, que les animaux pouvaient à peine avancer. Aller à pied était impraticable. Il était tout à fait impossible de se tenir sur les jambes, et les morceaux de pierre répandus sur le sol rendaient très difficile la locomotion. Heureusement que nos chevaux avaient le pied plus sûr que nous. A 3500 pieds au-dessus du niveau de la mer, nous rencontrâmes de larges plaques de neige dans les endroits abrités du soleil, et nous aperçûmes en face de nous le Karadja-Dagh, entièrement blanc.

Au coucher du soleil, nous atteignîmes le village de Kara-Bagh-Shu. De la route à peine apercevait-on trace d'habitation humaine, excepté des flots de fumée roulant dans l'atmosphère. Les murs extérieurs des maisons ont seulement quatre ou cinq pieds de hauteur ; ils sont faits de pierres brutes, et les toits plats portent une végétation plus abondante que le sol pierreux où paissent les chèvres et les vaches. Nous trouvâmes un gîte pour la nuit dans une des habitations, qui toutes ont des pièces destinées à recevoir les voyageurs et leurs animaux, ce village étant le lieu d'arrêt ordinaire entre Severik et Diarbekr.

Le panorama extérieur était charmant, et le reflet du soleil sur la neige des montagnes était d'une extrême beauté. Des rochers de toutes formes brillaient comme des pierres précieuses, changeant de couleur à chaque instant. Les premiers plans se perdaient dans l'ombre. L'atmosphère du fond était au contraire du plus vif incarnat et arrivait par d'insensibles gradations à présenter au zénith le bleu le plus pur et le plus profond.

Nous restâmes à contempler ce spectacle splendide jusqu'à ce que les dernières nuances se fussent évanouies, faisant place aux étoiles brillantes. Alors nous ne fûmes point fâchés de trouver dans notre logis un bon feu flambant et un souper tenu prêt et chaud pour nous par Élias.

A Severik, nous avions reçu un télégramme du major Trotter, nous demandant par quelle route nous avions l'intention d'arriver, pour qu'il se portât à notre rencontre. Nous n'avions pas pu lui faire une réponse positive, parce qu'aucun de nos gens ne savait quelle était la meilleure voie. Nous fîmes appel à l'expérience de notre hôte. Il nous apprit qu'il y avait deux chemins: l'un qui suit le semblant de chaussée que nous avions pris depuis Severik ; l'autre qui coupe droit à travers la crête du Karadja-Dagh. Ce dernier est le plus court, mais il est mauvais et couvert de neige. Cependant, comme nous n'avions pas d'animaux pesamment chargés, nous avions chance d'y passer avec facilité et de gagner ainsi assez de temps pour arriver à Diarbekr avant que personne en fût parti pour nous rejoindre. Il s'offrit, moyennant un prix modique, à nous mettre dans la bonne direction.

Nous fîmes donc accord avec lui, et au lever du soleil,

le matin suivant, nous partîmes. Kara-Bagh-Shu est à 4400 pieds au-dessus du niveau de la mer. Il y avait des plaques de neige jusqu'à 1000 pieds au-dessous de ce point. Mais, avant d'arriver à une couche blanche bien continue, nous eûmes à gravir pendant plus de 500 pieds un sentier rocheux et rapide. Il nous eût été impossible sans notre guide de traverser cette neige, sous le manteau perfide de laquelle se dissimulaient toutes les inégalités du terrain.

Nous franchîmes ensuite le sommet de la montagne, que je trouvai être à 6250 pieds au-dessus du niveau de la mer. De là à l'extrémité de ce qui nous parut une vaste plaine, nous pûmes apercevoir les murailles et les tours de Diarbekr. Alors notre guide nous quitta et nous effectuâmes la descente, sinon sans plus d'une chute et d'une glissade, au moins sans accident, grâce à la merveilleuse sûreté de pied de nos chevaux. En sortant de la zone neigeuse, nous trouvâmes des crocus de couleurs variées, poussant à la limite même des névés. A mesure que nous descendions, la température se réchauffait, et au pied de la montagne elle devint agréable.

Quoique du point culminant Diarbekr nous eût semblé tout à fait à nos pieds, et la plaine absolument unie, la ville était encore loin et la région coupée de profonds ravins sillonnés de cours d'eau se rendant au Tigre. Un quart du pays à peine était cultivé.

En approchant de Diarbekr, nous vîmes venir vers nous un homme à cheval : c'était un des domestiques du major Trotter. Il nous dit que son maître et quelques-uns de ses amis avaient été à notre rencontre par l'autre route, et il partit au galop pour les prévenir. En attendant, on nous invita à nous asseoir sur un tapis, apporté d'une maison voisine. Bientôt le major arriva en compagnie d'un Anglais, agent de la maison de Constantinople qui fournit le mohair à MM. Salt, de Saltair, puis du vice-consul français, M. Pisani, qui est chargé aussi des télégraphes, et de quelques autres personnes. Nous fîmes dans la ville une entrée imposante, et notre hôte nous installa confortablement dans sa maison.

La présence momentanée du major Trotter à Diarbekr était due en partie à l'insurrection kurde de Djezireh, localité qui fait partie de ce vilayet.

Il y avait toutes sortes de racontars sur cette insurrection, fort exagérés pour la plupart, mais témoignant tous des étranges allures de la prétendue administration du pays. Les sultans Mahmoud II et Abdul-Medjid ont détruit la puissance des grands chefs kurdes héréditaires et aboli le système féodal. Avant ces réformes, chaque chef exerçait dans son district le pouvoir suprême. En temps de guerre seulement, ils donnaient leur concours au sultan et étaient tenus de faire campagne contre ses ennemis, avec leurs vassaux. Naturellement la guerre était à l'ordre du jour entre les divers clans kurdes, et tous se réunissaient d'ailleurs pour dépouiller et maltraiter les malheureux chrétiens nestoriens qui vivaient dans leur voisinage.

Quand cet ancien régime eut vécu, les fils des principaux beys ou aghas furent envoyés dans les villes pour y être élevés loin de leur entourage et de leurs habitudes nationales. Deux frères, Bahri-Bey et Osman-Bey, fils du premier de tous ces beys, furent menés dans ce but à Damas, avec leurs autres frères. Quelques-uns entrèrent au service du sultan; l'un est devenu son échanson, l'autre son aide de camp. Le dernier a été placé dans l'état-major d'Izzet-Pacha, général commandant l'expédition contre les insurgés.

L'histoire qui m'en a été contée ne manque pas d'une certaine fantaisie farouche.

Prince kurde.

Dans leur pays, ces beys sont qualifiés d'émirs ou de princes. Le serment le plus solennel de leurs fidèles est de jurer « par la tête de l'émir ». Quand ces princes font appel à leur peuple, tout autre devoir s'efface, tant envers Dieu qu'envers le sultan ou la famille. Le sultan actuel est, dit-on, étroitement apparenté à cette famille, dont les membres revendiquent pour ancêtres et Saladin, le chevaleresque adversaire de Richard Cœur de Lion, et Zobéid, femme du calife Haroun al-Raschid, et Zenghi, le conquérant d'Édesse, et enfin son fils Nour ed-din, à la fois le plus puissant et le plus humble serviteur des Abbassides.

Bahri-Bey et Osman-Bey, fatigués, à ce qu'ils dirent. de leur inaction, et ayant vainement demandé au sultan de servir contre les Russes, résolurent de montrer qu'ils étaient des hommes et dignes de leurs puissants aïeux. Rien ne leur parut plus naturel que de regagner leur pays natal et d'y reprendre les biens dont leur père avait été, selon eux, injustement dépouillé. Ils se rendirent donc avec ces idées dans le Kurdistan, prirent le costume national, adressèrent des proclamations aux partisans de leur famille. Ils se trouvèrent bientôt à la tête de quatre mille hommes armés, marchèrent sur Djezireh et s'en rendirent maîtres. Le kaïmakan leur demanda de quel droit ils prenaient les rênes du gouvernement. Ils répondirent qu'ils avaient des lettres particulières du sultan, les autorisant à agir. Quand ils s'emparèrent du trésor et enjoignirent aux troupes turques de passer des ordres du kaïmakan sous les leurs, cet officier insista pour voir leurs instructions. Ils lui dirent qu'ils allaient les lui montrer sur-le-champ. Ils le firent alors conduire dans une pièce pleine d'amis à eux. « Vous voulez nos instructions. Très bien. Nous allons vous les faire voir. » Sur quoi, faisant égorger un mouton, ils enlevèrent au kaïmakan son fez et le remplacèrent par les entrailles de l'animal, en lui disant : « Voilà nos instructions. » Ainsi coiffé, le pauvre homme fut contraint de danser devant les assistants, qui le menaçaient et le piquaient de leurs épées, tandis que les beys et leurs amis intimes frappaient des mains et le complimentaient ironiquement sur sa bonne grâce et son agilité.

Ceux-ci, ayant pris également possession du télégraphe, s'amusèrent à envoyer des télégrammes absurdes aux gouverneurs de Diarbekr et de Mossoul, leur enjoignant de rester en permanence dans le bureau pour qu'on pût leur expédier des ordres, et leur annonçant leur prochaine arrivée au nom du sultan. De plus, ils arrachèrent à un grand nombre d'habitants de Djezireh des emprunts forcés; après quoi, plus tard, un malheureux chrétien fut condamné à deux ans de prison pour avoir prêté de l'argent à des rebelles armés.

Pendant un temps tout parut bien marcher pour les deux frères. Mais quelques autres chefs kurdes, voyant de mauvais œil une insurrection qui devait vraisemblablement diminuer leur autorité, refusèrent leur adhésion.

Bahri-Bey et Osman-Bey marchèrent contre un de ces aghas, qui possédait une espèce de château sur le sommet d'une haute colline. Ils prirent avec eux quatre mille kurdes et la garnison turque de Djezireh, qui se montait à une centaine d'hommes. L'agha n'avait que huit cents guerriers à leur opposer. Mais, favorisé par la situation, il se défendit pendant quelque temps avec succès, et la défection des troupes turques, qui passèrent de son côté, finit par lui donner la victoire. Les partisans des deux frères s'enfuirent à la débandade jusqu'à Djezireh. Ils y furent poursuivis par leurs ennemis, qui remirent le kaïmakan en possession de sa place et de son autorité. La nouvelle de ce succès n'arrêta point la marche d'Izzet et de ses troupes. Abdul-Rahman, wali de Diarbekr, vint aussi à Djezireh pour y rétablir l'ordre. Mais il fut vivement froissé de ce que le sultan avait adressé une dépêche directe aux insurgés sans tenir compte des ministres de Constantinople ni des fonctionnaires de la province. « Il nous faut des réformes, dit alors le wali, mais il faut les commencer par en haut. » Le télégramme en question promettait aux deux beys, s'ils voulaient se soumettre et venir à Constantinople, de grands honneurs, des pensions et des récompenses.

Nous les vîmes arriver à Diarbekr, avec une escorte de cavalerie et d'infanterie, montés sur des mules, à côté de leur frère l'aide de camp, et ayant beaucoup plus l'air d'hôtes respectés que de rebelles captifs.

Ces deux beys étaient de beaux hommes, vêtus à la dernière mode du dandisme kurde. Ils portaient des chapeaux coniques d'environ trois pieds de haut, avec des voiles de soie montant jusqu'à mi-hauteur, une jaquette de peau serrée, sans manches et ouverte par devant, de riches gilets à boutons d'or et d'argent, des manches de soie ouvertes et pendantes jusqu'au sol, avec d'autres manches étroites par-dessous et de même étoffe. Une énorme ceinture garnie de pistolets et de poignards, de larges culottes de soie et des chaussures de maroquin brillant, très relevées aux talons, complétaient leur costume, qui dans sa barbare sauvagerie était certainement imposant et très beau.

Il y avait dans leur suite plusieurs *tak-tarawans*, ou litières portées par des chevaux, contenant des femmes et des enfants, tous richement vêtus. Les beys en avaient fait collection dans le pays et les emmenaient avec eux à Constantinople pour les présenter comme leurs épouses et leurs fils et faire appel de la sorte à l'esprit et au cœur du sultan : d'abord à son esprit, en lui montrant qu'en leur qualité d'hommes mariés et de pères de famille on pouvait s'en rapporter à eux pour ne pas provoquer de troubles sans raison; puis à son cœur, en lui faisant voir combien de veuves et d'orphelins ils laisseraient derrière eux s'il leur arrivait malheur.

Mais, loin que cet appel à la miséricorde du Grand Seigneur parût nécessaire, il semblait que celui-ci ne fût que trop bien disposé en leur faveur, car on disait à Diarbekr qu'il avait conféré à l'un d'eux la première classe de l'Osmanlié, et depuis j'ai vu ce bruit confirmé dans quelques feuilles anglaises.

Récompenser le rebelle et punir l'innocent paraît du reste une des manières de voir favorites du gouvernement turc. La nouvelle insurrection kurde montre que ce procédé a porté ses fruits. Cette insurrection n'est point encore terminée. J'ai entendu qualifier la conduite du sultan envers ces chefs de judicieux mélange de modération et de force; je l'appelle, moi, une prime à la révolte et une excitation à la trahison.

CHAPITRE X

A DIARBEKR — EN ROUTE POUR NISIBIN ET MOSSOUL

I

Diarbekr est l'antique Amida. Les Turcs l'appellent encore aujourd'hui Kara-Amid ou Amid-Noir. Le nom de Diarbekr est d'origine arabe, et signifie le pays de Bekr. Le nom d'Amid-Noir lui vient du basalte ainsi coloré dont elle est presque entièrement bâtie. Les habitants des autres villes disent qu'à Kara-Amid les pierres sont noires, les chiens noirs, et noire aussi l'âme des gens. Il est en effet assez curieux que la couleur dominante des chiens errants, qui font l'office de balayeurs dans les rues, soit le noir, au lieu du jaune sale ordinaire.

Il est question d'Amida dans les traditions assyriennes. C'est la cité royale que détruisit Assur-izir-pal dans sa dixième campagne, entre 860 et 870 avant J.-C. Elle opposa à Sapor II une vigoureuse résistance. Après qu'il eut défait les armées romaines en rase campagne, Sapor, dans l'orgueil de la victoire, crut que sa présence devant les remparts suffirait pour terrifier la garnison et les habitants, et les amener à se rendre. Une grêle de flèches, dont l'une traversa son armure sans le blesser, lui montra son erreur. Il ordonna alors à Grumbates, roi des Chionites, de prendre la ville d'assaut. Cette tentative échoua encore, et le fils unique de Grumbates fut tué à ses côtés. Les efforts des assiégeants n'en furent point ralentis. Ils adoptèrent seulement la marche plus patiente de la sape et de la mine et investirent régulièrement la place. Les assiégés tinrent avec un courage inébranlable, quoiqu'ils ne vissent point paraître les secours que Sabinien devait leur amener. Malgré la trahison de quelques citoyens qui introduisirent dans un des bastions une partie de la garde persane, ce ne fut pas avant le soixante-treizième jour que l'ennemi pénétra dans la ville. La résistance d'Amida avait sauvé les provinces syriennes de l'empire romain, et Sapor satisfit la rage qu'il en éprouva en massacrant de sang-froid la vaillante garnison et en faisant mettre en croix les nobles Romains qui avaient dirigé la défense.

Amida se releva bientôt de ses ruines et fut considérée comme la capitale du royaume d'Arménie. Elle reçut dans ses murs les habitants de Nisibin, quand Jovien, l'indigne et pusillanime successeur de Julien, les chassa de leur patrie, à la demande des Perses. Leur malheur fit d'ailleurs le bonheur d'Amida, car cet accroissement de citoyens honorables l'aida à établir et à conserver sa prééminence sur les cités arméniennes. Mais plus tard elle fut encore assiégée et prise par les Perses, sous Kobad ou Cobades. Huns et Arabes réunis marchaient sous les étendards du monarque persan. Quoique Amida ne fût défendue que par une troupe peu nombreuse, sous les ordres d'Alypius, les moines poussèrent les habitants à une vigoureuse défense. Les remparts étaient solides et résistèrent aux machines de guerre des Perses. Une hauteur artificielle que ceux-ci avaient construite pour dominer les fortifications fut minée par les assiégés. Trois mois se passèrent, et trente mille assiégeants périrent, sans que la ville eût cédé. Kobad était tenté de renoncer à l'entreprise, mais les mages lui dirent que les insultes indécentes des femmes d'Amida étaient un sûr présage du succès des Perses et le décidèrent à poursuivre.

A la fin on découvrit l'entrée d'une des tours, qui était mal construite : une partie des troupes persanes put s'introduire par là. La garnison de la tour était composée de moines, qui dormaient à la suite d'une débauche qu'ils avaient faite, et elle fut aisément surprise. L'armée persane se répandit dans la ville et commença un massacre général. Un vieux prêtre eut le courage de le reprocher au monarque vainqueur et de lui dire qu'il était indigne d'un roi de tuer les prisonniers.

Kobad lui demanda alors pourquoi ils avaient voulu lui faire la guerre, à quoi le prêtre lui répondit : « Cela a été l'œuvre du Seigneur. Il a voulu que tu ne dusses pas la conquête d'Amida à notre faiblesse, mais à ta propre vaillance. »

Cette flatterie opportune réussit à faire arrêter le massacre, mais la ville fut pillée et la population emmenée en esclavage.

En 504, Patricius et Hypatius assiégèrent la garnison persane d'Amida. Celle-ci était sur le point de se rendre quand arriva un ambassadeur du roi de Perse qui offrit l'abandon de toutes ses conquêtes contre le payement de mille livres pesant d'or. Les Romains, ignorant les difficultés de leurs ennemis et l'état de la garnison, consentirent et Amida rentra en leur pouvoir.

Les murailles même de Diarbekr racontent l'histoire de ces vicissitudes. Quoique très bien construites, mieux certes que celles de toutes les autres villes que nous avions visitées, elles portent la marque évidente de leur reconstruction à diverses époques. Des pierres couvertes d'inscriptions grecques et coufiques sont enchevêtrées sans ordre dans la maçonnerie. L'écriture en est souvent sens dessus dessous. Sur beaucoup d'entre elles, on voit des sculptures grossières analogues aux hiéroglyphes que nous avons rencontrés à Karkémish. La citadelle était située sur une éminence artificielle et entourée d'une enceinte intérieure. Jadis le Tigre coulait au fond de la vallée, tout contre la berge faite de main d'homme qui supportait la muraille du dehors. Le sol de cette vallée est formé d'un dépôt alluvial sur lequel le cours du fleuve change constamment, de sorte qu'un jour peut venir où, comme jadis, il se remettra à couler au pied des remparts.

Un peu au-dessous de la ville est le pont de Diarbekr, qui traverse le Tigre à l'endroit où la vallée se resserre. Ce pont porte, comme les murs, les traces de bien des vicissitudes. Selon toute apparence pourtant, le milieu n'en a jamais été démoli. Il est plus large en effet que les deux extrémités, et les arches, faites de briques romaines, sont d'une ouverture plus hardie. Il porte quelques inscriptions coufiques.

L'importance de cet ouvrage est si bien établie qu'un chef arabe étant sur le point de détruire les murailles de la cité, par suite d'un vœu qu'il avait fait, sa sœur lui persuada de ne démolir que le pont, auquel la ville devait sa prospérité bien plus qu'à ses remparts. Le pont subsiste cependant, et il en part sur la rive droite une route, construite il y a quelque trente ans par Ismaïl-Pacha, et que les gens de la campagne appellent le chemin de fer d'Ismaïl.

La ville contient des ruines nombreuses et d'un grand intérêt. A chaque extrémité d'un vaste espace carré nous vîmes deux rangées superposées de colonnes, faites de diverses espèces de pierre, et de modèles variés. Au centre du carré est une fontaine, et le long d'un de ses côtés, une mosquée sans prétentions architecturales. Le niveau actuel du terrain est beaucoup plus élevé que dans les temps anciens, et il est certain que, si l'on pouvait exécuter des fouilles, on trouverait beaucoup de restes de l'époque romaine. Le christianisme s'est établi de très bonne heure à Diarbekr. Il existe une église datant, dit-on, de la fin du premier siècle de l'ère chrétienne. Elle consiste en un bâtiment à deux dômes; l'un surmonte le sanctuaire et l'emplacement réservé à ceux qui étaient baptisés, tandis que l'autre couvre celui des catéchumènes. Le premier de ces dômes est encore en bon état. Il sert à abriter un très grand nombre de carabines Peabody. Ces armes, achetées en Amérique et amenées ici à grands frais, étaient, quand je les vis, absolument négligées et dans un tel état de rouille et de délabrement, que plus de la moitié probablement se trouvaient tout à fait hors de service. Sous l'autre dôme, dont le sommet est en ruines, étaient empilées des carabines Enfield et Minié, et des lances de cavalerie disposées comme des fagots de bois. Près de cette église sont les ruines d'un édifice qui fut, dit-on, le palais d'un roi arménien. Il y a peu d'années, il était encore dans son entier. Mais on en a usé depuis lors comme de magasin à poudre, et il a sauté par suite de quelque maladresse. Ce qu'on en peut voir encore montre quelle superbe maçonnerie savaient exécuter les anciens, et l'excellence du ciment dont ils se servaient. Les briques plates sont si solidement jointes, qu'on les brise en morceaux quand on veut essayer de les séparer l'une de l'autre. Il existe encore plusieurs églises chrétiennes. La plus considérable est la cathédrale arménienne; la plupart des mosquées sont aussi d'anciennes églises.

Outre les temples appartenant aux chrétiens orientaux ou aux catholiques romains, il existe un sanctuaire protestant dépendant d'une congrégation fondée par les missionnaires américains, mais dont le pasteur actuel est un Arménien, M. Boyajan. Ce dernier a longtemps vécu dans les deux Amériques et en Angleterre ; il a épousé une Anglaise, et il s'est si bien anglicisé, que dans nos conversations nous oubliions à chaque instant qu'il était Arménien et nous lui parlions de ses compatriotes comme nous eussions fait à l'un des nôtres.

Pour retourner de Diarbekr à Orfa, nous prîmes, au lieu du chemin de la montagne, la route qui contourne . extrémité nord du Karadj-Dagh. Cette voie était bonne par places, mais disparaissait dans les endroits où elle eût été le plus nécessaire ; le nivellement en était en outre des plus défectueux. Notre trajet s'accomplit en quatre jours sans incidents.

II

Nous trouvâmes toute la ville d'Orfa réveillée de sa torpeur habituelle par la nouvelle que les chefs kurdes allaient arriver le jour suivant. Les ordres reçus prescrivaient de les accueillir avec la plus grande courtoisie. Dès une heure matinale la population sortit en masse. Juifs, Turcs, chrétiens se rangèrent le long de la route par laquelle on attendait les personnages annoncés, tandis que le gouverneur, avec tous ses officiers et notre ami le bimbachi, partit à dix heures pour aller au-devant d'eux. A midi, ce fut au tour de la garnison à sortir; elle se composait d'une troupe de dragons en uniformes neufs, formant un ensemble à faire pleurer un officier de cavalerie, et d'un bataillon d'infanterie très bien tenu, qui aurait fait honneur à n'importe quelle armée; le seul défaut était le nombre des officiers. Les chefs de compagnie et les guides paraissaient bien connaître leur affaire;

les intervalles et l'ordre étaient bien observés. L'infanterie forma garde d'honneur dans la cour du sérail, et la cavalerie sortit pour renforcer l'escorte. Nous allâmes au sérail, du haut duquel nous apercevions la route, pour voir la cérémonie de l'arrivée et de la réception des rebelles.

A quatre heures parut la tête de la cavalcade qui escortait les Kurdes. Tout semblait disposé pour leur rendre honneur, les flatter, et, quand ils mirent pied à terre dans la cour du sérail, le peuple les salua profondément, comme s'ils eussent été des personnages royaux. Un autre salut significatif fut même exécuté par une quantité de chameaux campés à l'extérieur des murs. Quand les Kurdes passèrent, on fit lever ensemble tous les animaux, qui restèrent debout pendant le défilé de la procession ; après quoi on les fit se remettre à genoux.

Les chefs kurdes ne se montrèrent pas pendant notre séjour. Il est présumable qu'ils avaient à faire connaissance avec leurs nouvelles femmes et leurs familles, accrues encore en nombre et en splendeur depuis que nous les avions rencontrés à Diarbekr. Nous vîmes tous les officiers de l'état-major qui les accompagnaient, y compris leur frère, l'aide de camp du sultan, chez Halil-Bey, où ils semblaient énormément s'amuser.

Nous louâmes une douzaine de mules appartenant à un chrétien de Mardin, appelé Yunnan ou Jonas, pour aller jusqu'à Bagdad, au prix de onze piastres l'une par journée de voyage et la moitié de cette somme par journée de halte. Nous partîmes le 9 février. Il pleuvait très fort le matin; mais vers midi le temps s'éclaircit. Notre intention était d'aller ce jour-là jusqu'à Haran. Mais à peine étions-nous en route qu'un de nos chevaux de main s'échappa et, en voulant le rattraper, un zaptieh qu'on nous avait donné pour nous montrer le chemin jusqu'à

Ras-el-Aïn tomba de sa monture et se foula le poignet. Force nous fut de le ramener au sérail; à sa place, on nous donna un Arabe, nommé Hamed, qui se disait fort au courant de la route à suivre. Ce retard nous obligea à faire halte pour la nuit au village de Sultan-Abed.

Le jour suivant, nous atteignîmes Haran, qui laisse voir encore quelques traces de son ancienne importance, quoique habité seulement aujourd'hui par des Arabes demi-nomades, dont les cabanes, de forme conique, sont construites en vieilles briques romaines. Près du puits, ou plutôt du prétendu puits de Rebecca, sont les restes d'une vaste église et d'un monastère. L'église est encore assez bien conservée et constitue une sorte de repère pour une vaste étendue de pays à la ronde; la base de la tour est faite de pierres soigneusement taillées; la partie supérieure est en briques; le temps en a enlevé l'enduit de plâtre et brisé les angles inférieurs, ce qui donne à l'édifice une singulière apparence d'équilibre instable. La façon dont l'aiguille de Cléopâtre repose actuellement sur son piédestal, au quai de la Tamise, produit un effet identique. A côté de la ville ancienne se trouvent des restes d'éminences et d'ouvrages de terre ressemblant à un camp romain. La ville elle-même était entourée d'un mur de pierre bien bâti, avec des bastions carrés à intervalles réguliers. A un des angles de ce mur est le château, assez bien conservé. Une partie sert d'habitations, le reste contient un khan, des écuries, des greniers. Nous fûmes logés dans une grande pièce circulaire, au plafond en forme de dôme, aux fenêtres cintrées et semblables à des embrasures. Autour de la chambre étaient rangées de grandes jarres circulaires en terre, où nos hôtes conservaient leur provision de grain pour l'hiver.

Il y a une autre partie de la citadelle qui ressemble

tout à fait à un château normand. Une vaste construction fait le tour d'une cour, au milieu de laquelle s'élève un donjon solide. Le camp romain a probablement été construit sous Julien. C'est ici que cet empereur divisa ses forces en deux colonnes, dont l'une, conduite par lui, devait s'avancer le long de l'Euphrate, comptant sur la flotte pour sa subsistance, tandis que la seconde, aux ordres de Procope et de Sébastien, devait aller par Nisibin et, descendant le Tigre, rejoindre le César sous les murs de Ctésiphon. Cette seconde colonne, forte de trente mille hommes, ne put accomplir sa tâche, et causa ainsi l'échec des projets de Julien.

Les remparts, l'église et le château sont incontestablement l'ouvrage des chrétiens ; du temps des comtes d'Orfa on s'est servi de la vieille ville romaine comme d'une carrière à briques.

Le lendemain matin, nous vîmes avec grand plaisir que la pluie, qui pendant deux jours n'avait cessé de tomber, s'était arrêtée. Un brouillard épais nous empêcha cependant de partir jusqu'à une heure assez avancée de la matinée. En se dissipant, ce brouillard nous laissa voir tout autour de nous des quantités de pluviers, mais tous très sauvages, et inabordables à portée de fusil. Vers midi, nous aperçûmes quelques gazelles. Longtemps elles parurent aussi défiantes que le gibier à plumes. Mais nous réussîmes enfin à en approcher une à environ quarante mètres, et alors nous lâchâmes les lévriers. Ce fut l'affaire d'une poursuite d'environ cent mètres. *Saada* roula par terre avec la gazelle. *Richan* et *Nimshi* arrivèrent une seconde ou deux après. La pauvre bête était morte avant que nous eussions mis pied à terre, et les chiens nous l'abîmèrent terriblement.

Vers quatre heures, nous aperçûmes un grand nombre de chameaux, des troupeaux de moutons et de chèvres et, assis sur l'herbe, auprès d'un vaste édifice carré, une demi-douzaine d'hommes avec leurs chevaux attachés à leur côté. Quand nous approchâmes, ils se mirent en selle et vinrent vers nous. C'étaient les chefs d'une troupe de Kurdes nomades en quête de pâturages pour leurs animaux. Ils nous apprirent qu'ils se dirigeaient vers des sources situées au sud, et que la ville de Nabiy-Shiab que nous cherchions était au nord-est, et assez loin. Notre guide s'était donc trompé de direction.

L'édifice que nous avions aperçu était évidemment un des forts bâtis dans le pays sous la domination de Baudouin et de ses successeurs. Plusieurs pierres portent en effet l'emblème de la croix.

Au dehors, on voyait un grand bassin en pierre, rempli de terre et de sable; dans l'enceinte était un puits.

Ayant dit adieu aux Kurdes, nous piquâmes des deux dans la direction indiquée par eux, et où ils nous avaient dit que nous trouverions des ruines et des tentes arabes.

Au coucher du soleil seulement, nous aperçûmes devant nous les ruines que nous cherchions. En y arrivant, nous vîmes que, le matin même, des Arabes avaient dû y camper. Ces ruines n'ont rien de remarquable; mais, sous ces restes insignifiants, il existe une quantité de grands souterrains creusés dans le roc, ayant servi jadis d'habitations aux sectateurs du prophète, qui a donné son nom à l'endroit.

Nous prîmes possession d'une de ces cavernes; nos gens s'installèrent dans les autres avec leurs bêtes. Tout à coup, pendant que nous nous organisions pour la nuit, nous entendîmes des cris affreux qui partaient d'une des grottes voisines. C'était le plus jeune des muletiers, garçon de seize à dix-sept ans, qui, laissé seul un instant, avait eu subitement sa chandelle éteinte et avait senti quelque

Chasseur kurde.

chose de doux et de velu lui frôler la figure... Il s'était précipité au dehors en criant que le diable habitait céans. Tous ses compagnons, non moins effrayés, n'osaient plus rentrer dans la caverne. J'allumai une lumière et y pénétrai : je vis alors que la cause de tout ce vacarme était un pauvre petit chat-huant, aussi terrifié que notre gamin. Dérangé par lui dans son antre, il avait essayé de s'enfuir, et, en passant près de la bougie, il l'avait touchée de l'aile et éteinte.

Le diable une fois chassé, nous fûmes bientôt confortablement installés, et la nuit que je passai dans ce caveau n'a pas été pour moi la plus mauvaise du voyage.

Le matin suivant, avant de partir, nous visitâmes le souterrain qui a servi de mosquée à Nabiy-Shiab et la cellule où il dormait. Un lit grossier y a été taillé dans le roc, et une source sort du côté de la tête. Cette source est, dit-on, miraculeuse, coulant seulement par les temps secs, quand l'eau est rare ailleurs, et s'arrêtant tout à fait quand l'eau abonde autre part.

Nous trouvâmes là le chemin de Ras-el-Aïn, que nous suivîmes avec plus de sécurité, et notre guide d'Haran retourna chez lui amplement satisfait par le don d'une *médjidiè* (environ quatre shillings) que nous lui fîmes pour sa longue promenade.

Nous parcourûmes une contrée ondulée, passant auprès de quelques campements arabes et de deux ou trois petits forts ruinés, mais sans apercevoir signe de vie jusqu'à environ deux heures de l'après-midi. A ce moment parut, derrière un pli de terrain, un Bédouin, bientôt suivi de trois autres. Ils exécutèrent une sorte de marche de reconnaissance, avec un mouvement alternatif d'avancement et de retraite, puis s'arrêtèrent enfin à portée de la voix, de sorte qu'on pût des deux côtés s'enquérir des intentions respectives des parties. Quand ces gens surent que nous étions Anglais, ils se déclarèrent satisfaits et vinrent à nous.

Avec toute la franchise imaginable, ils nous apprirent qu'ils faisaient partie d'un corps de quatre-vingts cavaliers allant effectuer une razzia sur les Kurdes que nous avions vus la veille. Quand ils nous eurent quittés, notre zaptieh nous pressa de hâter le pas, dans la crainte que, changeant d'avis, ces Bédouins ne nous dépouillassent au lieu de leurs ennemis héréditaires, les Kurdes.

Nous marchâmes jusqu'au coucher du soleil, puis nous dressâmes les tentes auprès d'une mare restée dans le lit d'un courant d'eau desséché. Le matin suivant, au moment de partir, nous vîmes avec surprise qu'une troupe de trente cavaliers était campée à trois cents mètres de nous. Les traces des pieds de leurs chevaux montraient qu'ils étaient venus par la route que nous avions à suivre. Il fallait donc prendre nos précautions. Très probablement ils n'avaient point à notre égard de mauvaises intentions ; mais leur façon de camper, sans avoir allumé de feu, montrait qu'ils étaient en quête de quelque ennemi, et non point en expédition pacifique. Une heure environ après notre départ, leurs traces tournèrent au sud, et comme, en continuant à suivre ces vestiges pendant quelque temps, nous ne vîmes plus personne, nous en conclûmes que ces hommes devaient être des amis de ceux que nous avions rencontrés la veille, et qu'ils allaient se joindre à eux contre les Kurdes.

Au milieu de la journée, notre zaptieh, qui paraissait très inquiet et galopait de tous côtés, cherchant des Arabes et des Circassiens, vint nous dire que, derrière une petite colline où il était monté, il y avait une centaine de cavaliers se disposant certainement à nous attaquer. J'aperçus en effet bientôt un petit groupe de vingt

Groupe d'arabes Adwans.

piétons à peu près conduisant des ânes et des buffles chargés. Le zaptieh soutint néanmoins que c'étaient des Arabes à cheval, et quand je lui eus dit que je distinguais très bien toutes choses avec mes jumelles, il persista à affirmer que les cavaliers devaient être encore cachés. Bientôt après, nous vîmes quelques gens dans la direction indiquée par lui. Comme le mirage était très fort, nous fûmes un peu de temps à découvrir ce que c'était. Nous reconnûmes à la fin une petite troupe kurde, composée d'un vieillard, d'une femme plus vieille encore, d'un garçon et d'une fille, portant tout leur ménage sur deux buffles, une vache et trois ânes qu'ils poussaient devant eux, et se faisant suivre par trois chiens. Ces gens nous apprirent que les Arabes rencontrés le jour précédent étaient des Adwans; que peu auparavant les Adwans avaient fait une razzia sur un parti d'Aneizehs, auxquels ils avaient volé sept chevaux, et que maintenant Adwans et Aneizehs se pillaient mutuellement dans tout le pays. Nous leur fîmes un petit présent, et comme notre zaptieh ne retrouvait évidemment pas le vrai chemin, nous les priâmes de nous y remettre. Une heure après qu'ils nous eurent quittés, le zaptieh affirma qu'il reconnaissait bien maintenant une certaine colline, et que Ras-el-Aïn était tout contre; comme il se disait très sûr de son fait, nous suivîmes son indication; heureusement que j'aperçus la ville sur notre gauche, ce qui nous fit changer notre direction. A mesure que nous marchions cependant, la ville semblait disparaître. En passant près d'un campement d'Arabes demi-nomades, dont les tentes étaient sur une hauteur près d'un ancien canal, nous leur demandâmes le chemin. Il se trouva que nous y étions bien, et, après avoir gravi une petite élévation de terrain, nous vîmes Ras-el-Aïn à peu de distance devant nous. Par un curieux effet de mirage, l'image de la ville s'était trouvée réfractée dans l'air, par-dessus la colline, qui dans des circonstances ordinaires nous l'eût absolument cachée.

Nous rencontrâmes bientôt une troupe de Circassiens armés de fusils et d'épées, qui escortaient une demi-douzaine de chars à buffles jusqu'à un autre de leurs établissements, à dix milles de là. Ils vivent avec les Arabes sur un tel pied d'inimitié, qu'ils redoutaient de faire ce très petit trajet autrement qu'armés et en grand nombre.

Près de l'endroit où nous les avions croisés est une des sources qui donnent leur nom à Ras-el-Aïn (Origine des sources), et qui forment la tête de la rivière Khabour.

C'est un large bassin de cent mètres à peu près de diamètre. Tout autour, les courants sortent du sol, et sur un côté s'échappe un gros ruisseau, qui, se réunissant à d'autres, issus de bassins pareils, forme avec eux la rivière. L'eau possède une limpidité que je n'ai jamais vue surpassée, et beaucoup de poissons y prennent leurs ébats.

Une demi-heure plus tard, nous étions à Ras-el-Aïn, qui, ne datant que de vingt ans, tombe déjà en ruines, et est beaucoup trop grande pour sa population sans cesse décroissante.

Le kaïmakan était absent et nous eûmes quelque difficulté à trouver un logement. On nous avait prévenus de ne point dresser nos tentes, et de ne pas mettre nos chevaux au piquet, de crainte des Circassiens. A la fin nous trouvâmes un sergent de zaptiehs et nous fîmes ouvrir quelques chambres et quelques écuries dans le sérail pour nous mettre en sûreté contre les voleurs.

III

Ras-el-Aïn est l'ancienne Resaïna. Elle est célèbre par la bataille où Timesitheus, beau-père de l'empereur Gordien, défit le monarque persan Sapor, en 242 après J.-C.; à des époques plus récentes, depuis Mahomet surtout, elle n'a plus fait parler d'elle, jusqu'au moment où le gouvernement turc décida d'y établir quelques Circassiens expulsés de leur pays par les Russes.

Comme, malgré la qualité du sol et l'abondance de l'eau, elle est très éloignée des habitations de cultivateurs sédentaires, on espérait pouvoir sans difficulté former avec ces exilés une colonie prospère, et créer ainsi une espèce de poste avancé qui protègerait les pays cultivés de la Mésopotamie du Nord contre les incursions des Arabes de la plaine.

Les Circassiens furent transportés avec tous leurs biens et leurs bagages, depuis les côtes de la mer Noire, par les animaux et les véhicules des populations, qui durent aussi pourvoir à leur nourriture. Pendant la traversée du Kurdistan, ils se rendirent si odieux aux Kurdes, que les familles établies autour de Diarbekr ont été complètement détruites dans les luttes constantes soulevées entre elles et les habitants.

Ici, comme en Syrie, les Circassiens, comptant sur la supériorité de leurs armes et de leur organisation, se mirent à voler et à maltraiter leurs voisins, si bien que ceux-ci, ne trouvant point de protection dans le gouvernement, en furent réduits à se défendre eux-mêmes en s'embusquant dans les rochers de la montagne.

Le lendemain, en poursuivant notre route, nous longeâmes tout d'abord nombre de campements arabes établis autour de la ville. Ces gens avaient quitté leurs pâturages ordinaires pour se rapprocher des cours d'eau, à cause de la sécheresse causée par la rareté des pluies d'hiver. A l'un de ces campements, nos lévriers firent irruption au milieu d'un troupeau d'agneaux, et culbutèrent une des bêtes, sans pourtant la blesser. Une vieille femme qui se trouvait près de là courut sur nous, nous accablant d'injures, et jurant que pour laisser nos lévriers chasser les moutons quand il y avait des quantités de gazelles, il fallait que nous ne sussions pas même ce que c'était que la chasse. Un petit cadeau lui fit changer de ton, et elle nous invita alors à entrer sous les tentes pour y boire du lait; mais nous crûmes devoir décliner son offre.

De temps en temps nous rencontrions aussi de petits camps circassiens, tous situés près d'une source ou d'un ruisseau, ou bien nous apercevions au loin de grands bivouacs de Kurdes et d'Arabes. Les gazelles abondaient par troupes énormes. Le soir, nous campâmes près d'un petit hameau de Circassiens avec qui quelques Arabes, ayant récemment perdu tout leur bétail, avaient lié amitié. Nos zaptiehs de Ras-el-Aïn nous dirent que les uns et les autres étaient des voleurs de la pire espèce et qu'il importait d'avoir l'œil sur eux. Nous partageâmes donc tout notre monde en escouades de veilleurs, de manière qu'aucun mouvement de nos voisins ne restât inaperçu.

Vers le milieu de la nuit je crus entendre du bruit, je sortis et trouvai tout le monde plongé dans le plus profond sommeil. Sultan avait disparu. Revenant alors à la tente, je pris mon revolver, j'éveillai Schaefer et, faisant aussi lever les zaptiehs, je me dirigeai avec l'un d'eux vers les tentes arabes. Là tout le monde se prétendit endormi, mais je découvris Sultan derrière le campement. Son licol et ses entraves étaient enlevés. Les Arabes

Émigré circassien.

déclarèrent naturellement qu'ils étaient tout à fait innocents du rapt et que l'animal avait dû se détacher lui-même. Comme j'avais retrouvé mon cheval, je me souciais assez peu du reste, mais je les prévins que quiconque d'entre eux serait trouvé rôdant près de nos animaux avant le jour recevrait immédiatement une balle, et que je les engageais à se livrer ailleurs à leurs brigandages nocturnes. Nous nous éloignâmes, de grand matin et avec plaisir, de ces voisins auxquels manquaient les moyens, mais non certainement la volonté de nous nuire. Près de ce village était un cimetière, où je comptai plus de cent tombeaux, quoiqu'il n'y eût que sept maisons et que le hameau ne datât que de quinze ans.

Pendant toute la journée, nous eûmes à traverser une suite de villages déserts, construits le long d'une rivière qui descend des collines de Mardin. Nous apprîmes par la suite qu'avant l'arrivée des Circassiens dans le pays, ces localités étaient habitées par des chrétiens.

Tout aux alentours de cette rivière, le gibier était en abondance et nous tuâmes quelques canards. Il y avait aussi de grandes troupes d'outardes et de gazelles, mais trop sauvages pour se laisser approcher. Çà et là de petites hauteurs marquent l'emplacement de cités antiques, qui avaient profité d'une élévation naturelle de terrain pour établir leur citadelle ou, sinon, en avaient construit une artificielle.

Quelques-unes me servirent de repères pour ma triangulation. Sur l'une de celles que j'avais choisies, nous aperçûmes quelques cavaliers qui surveillaient évidemment nos mouvements. Je pensai d'abord que Trotter était arrivé à Mardin un jour ou deux avant la date convenue pour notre rendez-vous, et qu'il venait à notre rencontre.

En approchant davantage, je reconnus que c'étaient

des Circassiens; un zaptieh que j'avais pris avec moi pour tenir mon cheval, pendant que je relevais des angles, voulut alors me dissuader d'aller plus loin. Me voyant bien décidé à poursuivre, il déclara qu'il ne m'accompagnerait pas et se mit en devoir de s'en retourner; mais j'empoignai la bride de son cheval et lui dis qu'étant sous mes ordres il devait m'obéir. Tout en grommelant contre ce fou d'Anglais, il monta avec moi sur la hauteur, où nous nous trouvâmes en face de trois Circassiens qui avaient épaulé leurs fusils, pendant qu'un autre tenait leurs chevaux.

« *Salaam alaïkoum !* » leur dis-je. « *Alaïkoum salaam !* » répondirent-ils assez maussadement, sans cesser de nous tenir en joue. Je leur demandai ce qu'ils craignaient; ils nous dirent alors qu'ils nous avaient pris pour des soldats envoyés pour se saisir d'eux, et qu'ils étaient décidés à se défendre. Je les assurai que rien n'était plus loin de ma pensée que la chasse au voleur, et que, s'ils ne nous disaient rien, nous les laisserions bien tranquilles. Là-dessus ils remontèrent à cheval et s'éloignèrent. Je pus les voir rejoindre une autre troupe de cinq ou six hommes cachés dans un village ruiné, non loin de là. Trois d'entre eux étaient d'horribles Tchetchen ou Tartares-Circassiens; le quatrième était au contraire un magnifique Tcherkesse ou vrai Circassien.

Après avoir pris mes angles, je rejoignis la caravane, et Yunnan, le muletier, me dit, quand je lui eus dépeint ces gens, qu'il les connaissait pour appartenir à une bande de voleurs qui avaient un jour attaqué une caravane dont il faisait lui-même partie.

Nous couchâmes dans un village chrétien, ce qui nous valut l'inconvénient de voir tous nos gens se griser, à cause de l'abondance et du bas prix du vin. Le lendemain, nous atteignîmes le pied des montagnes sur lesquelles est bâti Mardin. Ces montagnes, qui surgissent brusquement vers le côté nord de la grande plaine mésopotamienne, témoignent d'une grande révolution de la nature : elles se composent de roches ignées à la base, tandis que leurs sommets appartiennent à la même formation géologique que la plaine. Après avoir gravi un sentier raide et pierreux, nous nous trouvâmes à l'entrée de la ville. C'est là justement qu'était située la mission américaine, où Trotter nous attendait depuis deux jours.

IV

Cette mission américaine ne ressemble pas à celle de Tel-Armen. Les édifices sont construits sur le modèle européen ou américain, et meublés conformément à leur architecture. Le docteur Thom, M. Dewy, leurs femmes et deux jeunes personnes en constituent le personnel. En dehors des maisons d'habitation se trouve une belle construction, qui sert d'école et de chapelle. Des professeurs indigènes participent à l'éducation profane et enseignent en outre l'agriculture sur un terrain voisin de l'école.

La mission a aussi, non loin de Mardin, une résidence d'été et une succursale dans un petit endroit appelé Midyat.

Les principaux monuments de la ville sont sa citadelle, qui domine tout le pays environnant, et une porte sarrasine qui passe pour un des plus beaux restes de l'art sarrasin dans la Turquie d'Asie. A la citadelle, située tout à fait en haut de la montagne, on n'arrive que par un chemin aussi raide que l'est, à Malte, l'escalier *Nix*

Mangiare, et le long duquel, à la montée comme à la descente, nous vîmes les dames faire galoper leurs chevaux de la façon la plus insouciante du monde.

Du sommet on voit toute la contrée. La limite au nord est la chaîne neigeuse de l'Arménie; au sud on aperçoit les montagnes de Sindjar et la chaîne de l'Abdul-Aziz, qui n'est, à proprement parler, qu'une continuation du Sindjar. Le cône volcanique de Kaukab, qui se dresse dans la plaine au sud-est, montre l'issue qu'ont trouvée les forces souterraines causes du soulèvement du relief de Mardin. Toute la plaine est couverte de petit *tels*. Auprès de chacun d'eux ont vécu jadis des cités prospères. Aujourd'hui, quoique tout le pays soit cultivable, il n'existe plus que quelques rares villages dont le nombre lui-même est en décroissance.

La citadelle a subi plusieurs sièges. Elle a été prise par Chosroès II en 606 après J.-C. Elle passe pour faire partie du petit nombre de celles qui ont résisté aux armes victorieuses de Tamerlan.

On raconte que ce grand conquérant, dans l'impossibilité de venir à bout des fortifications, résolut d'employer la famine. Les mois s'écoulèrent et à toutes ses sommations la garnison répondait par d'audacieux défis. A la fin, quand presque toutes les provisions furent épuisées, les défenseurs de la place s'avisèrent d'un stratagème.

Une nichée de petits chiens venait de naître dans la citadelle. Le lait de leur mère fut trait et de ce lait on fit un fromage. Quelques grains de blé et d'orge tombés près du puits avaient germé, poussé et mûri. Avec ce grain nouveau on fit de la farine et de la farine un gâteau. Quand les hérauts de Tamerlan vinrent, selon la coutume quotidienne, réclamer la reddition de la place, la garnison jeta le fromage et le gâteau par-dessus les murs en criant : « Allez demander à votre maître s'il a de meilleur fromage et de meilleures galettes que ceux que nous jetons. » La feinte réussit. Désespérant de réduire une place en apparence si bien approvisionnée, Tamerlan leva le siège et s'éloigna.

Mardin possède actuellement une population de vingt mille âmes. La moitié sont mahométans, le reste, à l'exception de vingt ou trente juifs, est chrétien. Il y a cinq mille chrétiens orientaux qui ont reconnu la suprématie du pape et que dirigent des missionnaires catholiques romains; trois cents protestants; les autres sont des chrétiens orientaux, ayant conservé leur indépendance en matière religieuse. Située sur le parcours ordinaire des voyageurs entre Mossoul et Diarbekr, c'est une localité importante dont les vignobles et les vergers sont fameux dans tout le voisinage.

Trotter ayant terminé ses affaires à Mardin, nous partîmes avec lui et le docteur Thom le matin du 19 février.

Au bout de quatre heures, nous étions à Dara, où se trouvent un grand nombre de ruines intéressantes. On y voit mieux que partout ailleurs la perfection atteinte chez les Romains par l'art de l'ingénieur dans la construction de leurs forteresses de frontières. La ville date du temps de Théodose, et Gibbon regarde ses fortifications comme le type de l'architecture militaire de l'époque. Dara était entourée de deux murailles. L'intervalle de cinquante pas entre elles servait de refuge au bétail des assiégés. Le rempart intérieur mesurait soixante pieds à partir du sol, et la hauteur des tours était de cent pieds. Les meurtrières par où l'ennemi pouvait être accablé de flèches étaient petites et nombreuses; les soldats étaient postés à l'abri de doubles galeries, et une plate-forme spacieuse et sûre régnait au sommet des tours. La muraille extérieure paraît avoir été moins élevée, mais plus solide encore. Chaque tour était réunie à la suivante par un bastion quadrangulaire. Le sol, dur et rocheux, était réfractaire aux outils des mineurs. Au sud-est, où le terrain était moins résistant, l'assiégeant était tenu à distance par un autre ouvrage qui s'avançait en forme de demi-lune. Les doubles et triples fossés étaient remplis d'eau, et dans l'aménagement de la rivière on avait déployé la plus grande habileté pour approvisionner les habitants, nuire à l'ennemi et prévenir les dégâts d'une inondation naturelle ou artificielle.

Au sixième siècle, Dara occupe une place importante dans l'histoire de l'Orient. A la mort de Justin, les infirmités de Kobad l'empêchèrent longtemps de prendre la campagne en personne, et il dut confier la conduite de ses armées à ses généraux. Bélisaire, qui commandait à Nisibin les troupes romaines, reçut, en l'an 528, l'ordre de construire un nouveau fort sur la frontière; mais les Perses défirent complètement les troupes qui couvraient les nouveaux ouvrages, et Bélisaire dut se réfugier dans les murs de Dara. Justinien, avec une générosité peu ordinaire, ne blâma point son lieutenant; il lui donna au contraire le titre de consul d'Orient et le mit à même de réunir une armée de vingt-cinq mille hommes. Pérozès, le général persan, enhardi par les succès de la dernière campagne, s'avança contre Bélisaire avec quarante mille soldats. En approchant de Dara, le Persan trouva son ennemi si habilement établi devant la ville, que, malgré sa grande supériorité numérique, il se décida à attendre les renforts de Nisibin. Le jour suivant, ayant cinquante mille hommes sous ses ordres, il fit sommation à Bélisaire de se rendre, ou, s'il avait l'audace d'accepter le combat, de lui faire préparer un déjeuner et un bain dans la ville, où lui, Pérozès, allait entrer en vainqueur.

La bataille fut longue et furieusement disputée, mais vers le soir la victoire restait aux Romains, qui avaient repoussé leurs ennemis avec de grandes pertes.

Ajoutons qu'en 605 Chosroès II assiégea Dara, qui fut obligée de se rendre après neuf mois de résistance.

La population actuelle est mélangée. Le chef est un Kurde mahométan. La majorité se compose d'Arméniens chrétiens, qui ont un prêtre résident.

Le chef ou agha nous logea dans une belle et grande chambre et nous en donna une autre pour nos gens; mais son hospitalité ne l'empêcha pas de tricher à la fois sur le prix et le poids de l'orge qu'il nous vendit pour nos chevaux. Sa maison était construite avec les débris de la ville antique. En dehors des localités importantes, c'est la plus belle que nous ayons rencontrée.

La population tout entière nous poursuivit pour nous vendre des médailles de cuivre trouvées dans les ruines; nous en achetâmes beaucoup, mais presque toutes sans valeur aucune à cause de leur mauvais état.

Parmi les plus affairés et les plus persévérants de ces vendeurs était le prêtre, qui ne semblait pas du tout croire que son caractère sacré dût l'empêcher de profiter d'une honnête aubaine.

V

La route de Dara à Nisibin, son antique rivale, traverse une plaine ouverte. Les montagnes au nord s'abaissent, s'éloignent et s'enveloppent de forêts de chênes.

Nous traversâmes un village du nom de Kasr-Serd-chan, où Trotter et moi nous liâmes conversation avec le chef. Celui-ci nous dit que la bourgade, quoique placée sur la grande route des caravanes, ne comptait plus maintenant que cinq *chifts*, au lieu d'une vingtaine qu'elle possédait il y a vingt ans [1].

Plus loin, nous vîmes une grosse tour, attribuée par les habitants à un des fils du grand roi Darius, qui passe pour avoir construit Dara. Un de ses autres fils avait bâti un château, à la même distance, dans l'ouest, et comme tous les deux allaient visiter leur père chaque matin et revenaient le soir, celui qui habitait Kasr-Serdchan avait toujours le soleil dans le dos, tandis que l'autre l'avait toujours dans les yeux.

En arrivant à Nisibin, nous apprîmes qu'il y régnait une épidémie de typhus, surtout dans le quartier musulman, séparé du quartier chrétien par un espace ouvert. Les habitants, ayant considéré la maladie comme *kismet*, n'avaient point demandé de médecins ni d'autres secours. Nous sûmes que dans la chambre où on nous avait reçus un homme était mort deux jours auparavant, et comme la pièce était tendue d'étoffes de drap épaisses, les divans couverts de même, ce devait être un vrai nid de contagion. La cause du fléau était attribuée au changement du cours d'une rivière de la montagne, qui était venue se réunir au Djha-Djha, d'où la ville tire son eau.

Nous tentâmes de secouer un peu l'apathie des habitants et de leur suggérer quelques précautions de salubrité; en vertu de quoi nous eûmes bientôt la mélancolique satisfaction d'entendre le crieur de ville publier par les rues que chacun devait enterrer profondément ses morts ainsi que tous détritus.

Les décès étaient en moyenne de deux ou trois par

1. Le *chift* est une unité qui sert à mesurer l'état agricole d'un endroit. Dans quelques districts, le *chift* comprend huit buffles et trois hommes ; dans d'autres, quatre buffles e un homme ; à Kasr-Serdchan, il se composait de six buffles et de deux hommes.

jour et paraissaient augmenter. Il n'était donc pas trop tôt de conseiller des mesures hygiéniques.

Il y avait en outre grosse querelle entre les chrétiens et les musulmans de la ville, par suite de l'enlèvement d'une femme chrétienne qu'un Turc avait prise pour son harem. Les chrétiens se disposaient à l'enlever par la force, quand le cadi donna des ordres pour qu'elle fût rendue. Les chrétiens disaient qu'en cette circonstance le cadi s'était bien conduit, mais que c'était la seule fois de sa vie.

Chrétiens et musulmans avaient eu également à souffrir des incursions des Bédouins, qui étaient venus voler leur bétail et avaient enlevé, disait-on, dix mille moutons à Nisibin et dans les environs.

Des anciennes splendeurs de la ville il ne reste rien ou presque rien. Quelques irrégularités de terrain indiquent la ligne des remparts ; mais des temples et des églises qui ont dû y exister il n'y a pas trace. La ville moderne est hideuse. L'édifice le plus important est une caserne délabrée, où logent les zaptiehs.

Cette cité a pourtant joué jadis un grand rôle, d'abord comme poste romain de la frontière, puis comme poste persan, après l'abandon fait par Jovien.

En l'an 115 après J.-C., Trajan y conduisit une flotte, que les Romains transportèrent sur véhicule jusqu'au cours supérieur du Tigre. Ce fut à Nisibin que le dernier des rois parthes, Artaban, défit, après trois jours de combat, l'armée romaine commandée par Macrin. Mais cette victoire, la dernière gloire de l'empire des Parthes, affaiblit tellement ses armées, qu'Artaxercès put mener à bonne fin la révolte qu'il avait projetée, et dont l'issue fut l'établissement de la dynastie des Sassanides.

En 241-242, Sapor Ier prit la ville après un long siège. Sapor II l'attaqua aussi en 338. Les habitants luttèrent d'efforts avec la garnison pour repousser l'envahisseur. Les uns et les autres furent encouragés dans leur défense par les prières et les exemples de saint Jacques, leur évêque. Une légende raconte que l'effet de ses prières fut de provoquer une nuée de moustiques, qui s'attaquèrent aux éléphants des Perses et les mirent dans une telle fureur, que ces bêtes affolées écrasèrent une grande partie des troupes assiégeantes. Miracle ou non, au bout de soixante-trois jours, Sapor fut obligé de se retirer. Trois fois encore il renouvela sa tentative sans plus de succès.

En 420, le général persan Narsès chercha dans Nisibin un refuge contre l'armée romaine, commandée par Ardaburius, qui l'y suivit, mit le siège devant la ville et fut près de la prendre. Mais Varahran, ne voulant pas perdre une place dont l'importance s'était si bien manifestée, marcha à son secours et contraignit Ardaburius à la retraite. Depuis cette époque jusqu'au renversement de la dynastie arabe des Sassanides, Nisibin resta toujours sous la domination des Perses.

Nous nous séparâmes ici de Trotter et du docteur Thom, notre intention étant de piquer droit sur Mossoul à travers ce qu'on appelle le désert. Nous avions besoin de guides, et deux zaptiehs furent désignés pour cet office. Ils paraissaient très peu disposés à venir. Ils dirent d'abord qu'ils ne connaissaient pas la route au delà d'un point appelé Tchil-Agha. Nous répondîmes que là nous prendrions un paysan. Ils insistèrent encore en alléguant que, pour revenir de Mossoul, il leur faudrait de l'argent et qu'ils n'en avaient pas. Toutes ces excuses furent rejetées et, en présence du consul, ordre leur fut donné de nous accompagner.

Juste au moment de notre départ, une rixe s'éleva entre un chrétien et un musulman. Tous deux se servaient de gros bâtons et paraissaient y aller sérieusement; leurs amis se mirent de la partie, tandis que les femmes et les enfants escarmouchaient en flanc, jetant de grosses pierres aux combattants sans trop s'inquiéter si c'était l'ami ou l'ennemi qui en pâtissait. Après dix minutes de lutte et de cris, tout le monde, semblant en avoir assez, s'en alla plein d'une apparente satisfaction. La cause de tout ce vacarme était encore la femme rendue aux chrétiens. Soit que les musulmans eussent injurié les chrétiens, soit que les chrétiens se fussent moqués des musulmans, on s'était dit de gros mots, et l'on en était venu aux mains. Je crois que les chrétiens profitaient de notre présence pour agir plus hardiment contre leurs ennemis, qu'ils ne l'eussent fait si le *Balyuz* anglais n'eût pas été là.

CHAPITRE XI

MOSSOUL ET BAGDAD

I

De Nisibin à Mossoul nous traversâmes, le premier jour, le village de Mask'ouk, puis, près d'un ruisseau tributaire du Khabour, le grand pâturage kurde de Rumeilat, où paissaient d'innombrables troupeaux de moutons et de chèvres, conduits par des bergers au vêtement à la fois pittoresque et pratique; nous couchâmes là sans tentes, *sub Jove crudo*. Le lendemain nous commençâmes à franchir les petits contreforts des monts Sindjar qui viennent mourir près du Tigre, un peu au nord de Mossoul.

A mesure que nous montions, les troupeaux et les campements devenaient plus nombreux, et divers cours d'eau descendaient vers le fleuve, dont nous avions atteint le bassin. De bonne heure enfin, le troisième jour, nous arrivions aux portes de la ville, but de notre étape.

Les zaptiehs de garde paraissaient assez disposés à nous refuser l'entrée, mais nous poussâmes en avant en disant qui nous étions, et nous prîmes l'un d'eux pour nous conduire au consulat anglais. Juste contre la muraille, à l'intérieur, est un espace ouvert, ne contenant que quelques maisons en ruine. C'est la partie de la ville qui a le plus souffert de la dernière épidémie. Après avoir traversé cet emplacement, nous atteignîmes les

Berger kurde.

rues étroites qui constituent toute ville orientale, et nous fûmes bientôt au consulat, où notre arrivée surprit fort Mme Russell, car le bruit s'était répandu à Mossoul que nous avions renoncé à l'idée d'aller jusque-là. Son mari, le vice-consul, fils du docteur W.-H. Russell, était à la chasse; elle nous offrit immédiatement l'hospitalité.

L'aimable aspect du logis de Mme Russell, les oiseaux, les chiens courant çà et là dans les pièces, les gazelles dans la cour, les bibliothèques pleines de livres, la table à ouvrage et les autres traces de la présence d'une femme anglaise dans ce pays perdu, tout cela était bien fait pour nous reposer d'un temps si long passé sans rien voir de semblable.

Russell lui-même arriva aussitôt qu'il sut la nouvelle, et lui et sa femme rivalisèrent d'efforts pour nous installer confortablement. Il est quelque peu Africain, car il a été deux fois à Khartoum, une fois à Gondokoro, dans l'état-major de Gordon-Pacha. Sa mauvaise santé l'a forcé de quitter le service.

Notre première question fut relative à la voie à prendre pour gagner Bagdad. Comme nous avions l'intention de suivre la rive droite du Tigre, il était nécessaire de s'arranger avec les Arabes, maîtres de tout ce côté du fleuve.

Le bonheur voulut justement que Fehran-Pacha, cheik des Shammars, fût à Mossoul. Il y était venu s'entendre au sujet de quelques troupeaux enlevés par les Arabes aneizehs et qu'il s'agissait de reprendre. Un message lui fut envoyé pour le prévenir de notre désir et le prier d'aviser à notre sûreté. Il fit bientôt répondre que tout irait bien, et qu'il était fâché de ne pouvoir pas venir nous voir, parce qu'il quittait Mossoul le lendemain matin de bonne heure.

Mossoul est, on le sait, sur l'emplacement de l'ancienne Ninive.

La ville moderne n'a pas laissé de jouer elle-même un rôle important depuis les jours de la conquête mahométane. Les ruines appelées Eski-Mossoul, à peu de milles

Vue prise à Mossoul.

plus loin en remontant le fleuve, marquent l'emplacement d'une cité de même nom plus ancienne : c'est celle que les Romains ont connue.

L'importance actuelle de Mossoul lui vient de ce qu'elle est le point de passage du Tigre pour les caravanes qui, venant de Bagdad, préfèrent la route plus longue par Erbil et Kerkuk, avec toutes ses difficultés, afin de n'être point exposées aux attaques des Bédouins.

Un mauvais pont de bateaux réunit les deux côtés du fleuve. Sur la rive basse, celle de l'est, que couvrent les hautes eaûx, passe une chaussée sur arches, de sorte que, lorsque, par suite de mauvais temps ou pour tout autre motif, les bateaux sont enlevés, il semble que le pont ait été construit sur le terrain sec au lieu de l'avoir été sur la rivière.

L'établissement-mission le plus important est celui des Pères dominicains. Le personnel consiste en un délégué du pape, six ou sept pères et douze sœurs; ils ont pour les assister des professeurs indigènes, et leurs écoliers sont au nombre de quatre ou cinq cents. Ils forment une congrégation considérable et ont élevé une grande et belle église, outre une petite chapelle et un orphelinat dirigé par des sœurs. Ils soignent les corps aussi bien que les esprits et les âmes, et tous les jours des secours sont distribués par eux à cent cinquante ou deux cents personnes, sans distinction de secte ou de religion.

Les Chaldéens, très nombreux ici, sont moins prospères. Ils sont divisés en deux fractions, dont l'une a accepté l'autorité du pape, tandis que l'autre conserve son indépendance. On les connaît sous le nom de Chaldéens *secs* ou *mouillés*, ou encore *bullites* ou *antibullites*. Il y a quelque temps, une discussion s'éleva sur le point de savoir à laquelle des deux sectes devaient appartenir les quatre églises chaldéennes de Mossoul.

La Porte décida que chacune en aurait deux, ce qui n'apaisa rien. Différents degrés de sainteté sont en effet attribués aux divers sanctuaires. A la fin, les Turcs, fatigués de toutes ces disputes, arrangèrent les choses en divisant chaque église en deux parties au moyen d'un mur longitudinal, de manière que chaque secte eût une moitié de l'église.

II

Quoique Ferhan-Pacha fût parti sans nous voir, il avait décidé avec le gouverneur que nous aurions une escorte arabe jusqu'à Samara, pour éviter toutes difficultés avec les nomades que nous pourrions rencontrer. En conséquence, parut un beau jour chez Mme Russell un cheik arabe, dans toute la splendeur de son vêtement neuf, de ses bottes de maroquin rouge et de sa riche coiffure. C'était un certain Mohammed, chef de la tribu des Abou-Hamed, vassale des Shammar. Le cheik, aussi bien que son suzerain, reçoit une somme annuelle tant pour ne pas piller lui-même que pour empêcher les autres de se livrer au pillage.

Il nous annonça que lui-même viendrait avec nous, et qu'il prendrait une demi-douzaine de ses hommes, qui nous attendraient à Hamman-Ali, à quatre heures de marche au sud de Mossoul.

Nous convînmes avec lui de notre départ pour le jour suivant. Ce matin-là il pleuvait à verse; impossible de s'imaginer une chevauchée plus désagréable que ne fut la nôtre. La première partie du chemin est absolument plate. Nous allions aussi vite que possible, malgré le danger d'une chute de nos chevaux dans une boue glissante. Au bout de cinq milles il nous fallut traverser des hauteurs, derrière lesquelles nous trouvâmes un sale et hideux village où nos gens étaient déjà arrêtés, les muletiers ayant refusé d'aller plus loin par la pluie, quoique Hamman-Ali, où nous devions rejoindre le reste de l'escorte, ne fût qu'à trois milles de là.

Le lendemain matin, le temps s'étant nettoyé, nous traversâmes la plaine, nous dirigeant vers les sources sulfureuses qui donnent leur nom à cet endroit et que recouvre un édifice en fort mauvais état. Un coup d'œil jeté dans l'intérieur de l'établissement nous fit voir un certain nombre de baigneurs s'ébattant dans une espèce d'eau de vaisselle, qui semblait marbrée de taches de graisse à la surface et qui dégageait une horrible odeur d'œufs pourris. La température de l'eau est de 130 degrés F. Au printemps, une grande partie de la population de Mossoul vient camper ici, pour prendre ces bains qui ont, paraît-il, des qualités médicinales et sont particulièrement efficaces contre les rhumatismes et les maladies cutanées. Malgré leurs vertus, nous n'en fîmes point usage et préférâmes nous baigner simplement sous nos tentes, dans de l'eau du Tigre.

En face de notre campement était le grand tumulus de Nemrod, emplacement de Calah, la seconde cité de l'empire assyrien. C'est là que sir Henry Layard a découvert l'obélisque noir, le plus important peut-être de tous les souvenirs de la monarchie assyrienne. Les fouilles se continuaient encore au moment de notre passage, sous la direction de M. Rassam.

Le lendemain nous marchâmes huit heures et demie à travers un pays plat. Les seuls accidents de terrain se rencontrèrent au commencement et à la fin de la journée, quand nous eûmes quitté la plaine basse des bords du fleuve, pour le grand plateau de la Mésopotamie sud. La transition se fait par pentes faciles, et n'offrirait aucune difficulté à l'ingénieur, qui pourrait même, s'il le préférait, se tenir complètement sur le niveau supérieur.

Nous ne vîmes ce jour-là rien de remarquable, si ce n'est un ancien canal d'environ trente pieds de large. Le soir nous fîmes halte, tout près du fleuve, aux tentes de Cheik-Azowy, un des chefs subalternes des Arabes Abou-Hamed.

Le matin suivant, nous eûmes à passer au milieu de sources sulfureuses et de marais bitumineux; après quoi, nous longeâmes la plaine basse. Toute la végétation se composait de petits taillis de chênes et de bouquets d'acacias. Nous rencontrions quelques petits groupes d'Arabes Djebours, voyageant avec tous leurs bagages empaquetés sur des ânes. Les agneaux et les chevreaux, trop jeunes pour marcher, étaient attachés et chargés, leurs pauvres petites têtes pendantes, et bêlant, à chaque pas que faisaient les ânes, à l'unisson de leurs mères trottinant inquiètes à leurs côtés.

Peu après, nous arrivâmes à une suite de cultures habilement irriguées par un système de petits fossés aussi complexes qu'un labyrinthe. L'eau est tirée du fleuve dans des outres que des buffles élèvent. La berge est garnie de fagots et de broussailles, et la tranchée est disposée de même pour éviter que la chute et le choc de l'eau n'y produisent des dégâts.

Après ces cultures était un campement de Djebours situé au milieu des broussailles. Ces Djebours sont des Arabes agriculteurs et, comme tels, méprisés de leurs frères nomades. Ceux-là étaient vassaux de Ferhan-Pacha. Ils nous dirent qu'ils étaient Shammars, mais les vrais Shammars les répudient dédaigneusement. Beaucoup vivaient sous des tentes. Quelques-uns, des plus pauvres, avaient des trous creusés dans le sol pour y dormir et y garder leur pauvre attirail. Je demandai au chef pourquoi lui et les siens habitaient cette espèce de jungle. Il me répondit qu'ils y trouvaient une grande sécurité contre les Bédouins de la plaine, qui tentent parfois de leur enlever leur bétail et dont on rend les agressions inutiles en emmenant les troupeaux dans les fourrés.

Manière de puiser l'eau dans le Tigre.

Il nous donna un mouton pour notre escorte et nos domestiques et un agneau pour nous. Notre cuisinier fit rôtir l'animal tout entier. Nous invitâmes à dîner le chef et notre cheik, mais le Djebour ne se soucia pas de venir pour ne pas se rencontrer avec son supérieur.

Pendant la nuit éclata un gros orage accompagné de coups de vent et de torrents de pluie. Nous eûmes des inquiétudes pour notre tente, mais elle résista vaillamment. Nos domestiques furent moins heureux, et les pauvres Arabes blottis dans des trous furent absolument trempés.

Quatre heures de marche nous conduisirent à Sherghat, quartier général de Ferhan-Pacha. La route est plate, à l'exception d'un demi-mille où nous eûmes à traverser une espèce de promontoire descendant jusqu'à la plaine, tout contre le wadi Meksir.

Ferhan lui-même et presque tous ses fils étaient absents, à cause du vol de moutons fait aux Mossoulites, mais il restait au camp deux fils, dont l'aîné avait quatorze ans. Ils firent de leur mieux pour nous bien accueillir. Nous dûmes souper avec eux dans leur grande tente, et je ne regrettai pas trop l'obscurité relative dans laquelle eut lieu le repas, car les aperçus qu'on pouvait avoir sur le contenu des immenses plats, quand le feu flambait par hasard, n'avaient rien d'engageant. Un mouton, dépecé par quelqu'un qui à coup sûr n'entendait rien à l'anatomie, avait été arrosé d'une sauce douceâtre, faite de graisse, de lait et de sucre. La cuisson n'avait pas été plus soignée que le découpage. On trouvait maintes fois sous la dent des fragments d'os, des matières étrangères, telles que charbons et cendres, tandis qu'une saveur de fumée prononcée avait pénétré la viande. Quand ce festin fut terminé, on servit le café et les pipes. Or le café, qu'on ne trouve que sous une tente arabe, a le don de faire oublier bien des choses.

Sherghat a été visité par sir Henry Layard, quand il exécutait des fouilles pour rechercher les antiquités de ces régions, et ses travaux ont été amplement récompensés. Actuellement on ne voit rien que quelques excavations et les tertres qui couvrent la cité antique. On suppose que c'était là l'Assur des Chaldéens. Shamas-

Vul, fils d'Ismi-Dagon, qui régnait vers 1850 avant J.-C., y construisit un temple aux dieux Ana et Vul.

En 1300, Assour était le siège de la monarchie assyrienne, alors dans sa période ascendante. Les tours de Ninive et de Nemrod n'existaient point. Un cylindre qu'on a découvert ici, et qui a été déchiffré par sir Henry Rawlinson, donne l'histoire et la généalogie du grand roi

Le Tigre près des monts Hamrin.

Téglath-Phalazar Ier. Aujourd'hui quelques tentes d'Arabes semi-nomades ont remplacé cette capitale d'un empire.

En quittant Sherghat, nous nous élevâmes graduellement vers la haute plaine, laissant entre le fleuve et nous le commencement des monts Hamrin, qui n'ont ici que cent cinquante pieds au-dessus du niveau de la plaine. A midi nous rencontrâmes une bande d'Abou-Hamed, errant avec leurs chameaux et leurs troupeaux. Le cheik Mohammed et son fils descendirent de cheval pour leur parler. Tout le monde se mit à bavarder et, après avoir perdu une heure, on trouva qu'il était temps de faire halte. Nous gagnâmes, tout près de là, un ravin, où le campement fut établi à l'abri du vent et hors de vue.

Cet endroit est appelé Bel-a-Didj par les Arabes. C'est un campement très apprécié. Dans une année ordinaire il eût été occupé depuis longtemps; c'était le retard et la rareté des pluies qui étaient cause de son état de solitude. La nuit fut de nouveau marquée par un orage effroyable.

Le lendemain, pendant une heure, nous traversâmes un dédale confus de petites vallées, portant toutes des traces de l'ouragan de la nuit; puis nous atteignîmes une plaine bornée à l'est par les monts Hamrin et s'étendant à perte de vue au sud et à l'ouest.

De petits campements, de deux ou trois tentes chacun, se montraient épars çà et là. Mais ils disparurent bientôt et nos Arabes commençaient à donner des signes d'inquiétude relativement à leurs quartiers de nuit. Le campement le plus proche qu'ils connussent avec certitude était trop loin pour y arriver ce jour-là, et le cheik envoya des hommes de côté et d'autre chercher un lieu de halte, que nous trouvâmes enfin derrière un éperon de la colline.

Nous marchâmes ensuite pendant vingt milles dans une plaine parfaitement plate, interrompue seulement de temps en temps par des cours d'eau. Sultan, que je montais, était très animé et je lui permis, à sa grande joie, quelques temps de galop. Dans une de ces courses nous arrivâmes tout d'un coup sur un de ces ruisseaux, et, si mon cheval n'avait pas sauté prestement, il nous serait arrivé malheur à tous deux. Je revins sur mes pas pour examiner l'obstacle; il avait quinze pieds de large et six de profondeur, un assez joli exploit pour un cheval arabe qui de sa vie n'avait sauté.

Nous eûmes ce jour-là une série de froides rafales de pluie venant du Nord; toutefois entre les ondées le soleil fut brillant et chaud. Au début d'un de ces grains le thermomètre marquait 84 degrés F.; et quand il fut passé, dix minutes après, il en marquait 56.

Au bout de la plaine nous trouvâmes un ruisseau d'eau salée, coulant, à travers de petites hauteurs sablonneuses, vers le Tigre, qui sort là précisément des monts Hamrin. Cinq milles plus loin était un camp d'Arabes Djebours, placé au milieu des buissons sur un bras du fleuve. Tout auprès, un ancien château; ces ruines, que les Arabes appellent Kala'at Mekroun, semblaient d'architecture romaine. Il est assez curieux que la position assignée par les cartes à ce point soit fausse en latitude et exacte en longitude. Ce n'est pas le seul exemple d'erreur dans les latitudes pour les localités du bord du Tigre.

C'est là que pour la première fois nous trouvâmes les vaches à bosse, comme dans l'Inde, et que nous dûmes nourrir nos chevaux de millet au lieu d'orge.

Le lendemain nous arrivâmes en huit heures à Tekrit. La première moitié de la route suit le fleuve, la seconde s'élève à soixante-dix pieds plus haut. Nous rencontrâmes de petites troupes de gens s'en allant vers le nord. Quelques-unes se composaient d'hommes ayant porté des marchandises à Bagdad sur des kelluks, et qui revenaient avec les cuirs empaquetés sur des ânes. D'autres cherchaient des pâturages pour leurs moutons; d'autres enfin étaient des pèlerins revenant de quelque lieu saint de la Mésopotamie du Sud, et qui semblaient se croire autorisés, par le but religieux de leur voyage, à demander l'aumône à tout le monde.

III

Tekrit, aujourd'hui l'abomination de la désolation, fut jadis une place importante, commandant un des passages du Tigre. Elle résista aux armées victorieuses de Sapor, et fut considérée comme imprenable.... jusqu'au jour où elle fut prise, après une résistance opiniâtre, par Tamerlan. Malgré cette prétendue inexpugnabilité, elle se rendit aux mahométans en 637, après la défaite de Khosrou-Sum, général d'Isdigerd, à Kasr-i-Shirin, par El-Kakaa, chef arabe. On croit que c'est à Tekrit que les Romains, en retraite, sous les ordres de Jovien, repassèrent le Tigre après la mort du malheureux Julien.

L'endroit consiste aujourd'hui en une masse de ruines confuses et un petit nombre de vilaines maisons construites avec des briques romaines.

En ce moment il y avait à Tekrit plusieurs radeaux, dont les équipages s'étaient arrêtés pour acheter des vivres. Ces *kelluks* sont, ainsi que je l'ai dit, le véhicule favori employé pour descendre le fleuve. Quand ils portent, comme cela arrive souvent, une espèce de petite cabine, ils passent alors pour extrêmement luxueux.

Ce fut là aussi que nous vîmes pour la première fois des *kufas* ou bateaux ronds, dont la forme n'a pas varié depuis les temps préhistoriques, et a peut-être inspiré à l'amiral Popoff l'idée de ces imposants cuirassés qui portent son nom.

Ces bateaux sont de vrais paniers ronds, faits en osier et enduits de bitume en dedans et en dehors. Quelquefois, nous dit-on, on les revêt de cuir avant d'appliquer le bitume. Mais nous n'en vîmes aucun de ce genre.

Ruines de Tekrit.

Leurs dimensions sont très variables. Il y en a d'assez grands pour porter trois ou quatre buffles ou chevaux; d'autres au contraire peuvent à peine contenir deux hommes. Il y avait enfin quelques bateaux pareils à ceux de Bir-ed-Djik, et beaucoup de gens passaient le fleuve sur des peaux absolument semblables à celles des bas-reliefs du British Museum.

Kufas, bateaux du Tigre.

Un palmier s'élevant au bord de l'eau nous indiqua que nous nous rapprochions de climats plus chauds. Le jour suivant, nous en vîmes tout un verger, près de Dur.

Dour ou Doura est l'endroit célèbre où Sapor dicta les termes de la paix au pusillanime Jovien. Ni général, ni homme d'État, et pressé par les Arabes révoltés, cet empereur s'estima heureux d'acheter la paix à tout prix. Si Julien avait vécu, il n'est pas probable que le cours de l'histoire eût été changé, mais il est certain qu'il eût plus volontiers fait le sacrifice de sa vie que celui de son honneur..

En avançant plus loin, nous vîmes briller dans le lointain le dôme doré d'une mosquée de Samara, ville qui fut fortifiée du temps de Jovien ; mais nous ne devions pas y arriver le même jour. Nous avions atteint la grande plaine d'alluvion qui va jusqu'au golfe Persique, et, sauf un monticule près de Doura et quelques lointaines collines au nord-est, aucune hauteur n'était en vue.

Nous fîmes halte pour la nuit au camp de quelques Arabes Edlims, qui voyageaient à la recherche de pâturages. Le matin suivant, nous arrivâmes à Samara, ou plutôt dans une île du Tigre en face de Samara, et là nous plantâmes nos tentes. Chemin faisant, nous passâmes près de ruines que les Arabes appellent Aschik et qui sont en très bon état de conservation, quoique servant d'abris uniquement aux chacals et aux corbeaux.

Sur plusieurs milles de longueur on rencontre en outre, sur la gauche du fleuve, des ruines anciennes, que les Arabes appellent toutes *Eski-Bagdad*, ou le vieux Bagdad. Une grande tour, environnée d'un chemin en spirale, passe pour avoir été le poste d'observation du calife Haroun al-Raschid, et un grand édifice situé tout auprès est désigné comme son palais.

Sur la rive gauche, en face de Samara, quelques Arabes Edlims à demi nus procédaient à des tentatives de culture aussi primitives que possible. Ces Arabes nous parurent d'une race tout à fait différente de celle de leurs compatriotes avec qui nous avions passé la soirée précédente. Leur matériel agricole était des moins compliqués. Une charrue composée d'un morceau de bois pointu, maintenu verticalement au moyen d'un manche, était traînée par deux hommes et laissait un sillon d'une profondeur de trois pouces environ. Deux Arabes labouraient avec un râteau de bois; le premier tenait le manche, l'autre tirait sur une corde fixée à la traverse.

Plusieurs buffles élevaient l'eau, qu'amenaient au pied de la berge des tranchées faites de main d'homme.

Partout où l'on peut conduire l'eau, la végétation est luxuriante. Comme jadis, avant de laisser le blé former son épi, on le fauche trois ou quatre fois.

Charrue primitive des Arabes du Tigre.

Hérodote dit que le blé du pays rendait jadis deux et quelquefois trois cents pour un. Aujourd'hui encore le même résultat pourrait être obtenu.

Quand notre camp fut formé, nous nous rendîmes à Samara, en traversant la rivière dans un *kufa*, que, malgré sa forme spéciale, deux hommes armés de rames firent rondement marcher.

Une muraille neuve et de piteuse apparence entoure

la ville, au milieu de laquelle est cette mosquée dont la coupole dorée nous éblouissait depuis si longtemps. Elle s'élève sur la tombe d'un des douze imams considérés comme saints par les mahométans schiites, et dont le dernier doit apparaître à la fin du monde. La dorure du dôme a été exécutée par ordre du Chah, quand il a fait ici un pèlerinage, il y a quelques années. Un dôme plus petit et deux minarets sont recouverts en tuiles persanes émaillées qui forment des arabesques et des fleurs. Un mur intérieur renferme la mosquée et ses cours, où on ne nous laissa pas pénétrer, mais où nous pûmes jeter un coup d'œil à travers les portes. Tout paraît avoir été jadis soigneusement dallé, et de jolies fontaines laissent couler leur eau.

Près de Samara est le fameux canal Naharwan, qui, se séparant du Tigre au-dessous des monts Hamrin, y retombe à dix milles en aval de Samara, à un endroit appelé Madjaliweh, en face d'Istabilat. On pense qu'Opis était près de Samara. Je crois que ses ruines probables sont précisément à Madjaliweh. Cyrus et Alexandre, aussi bien que Sapor et Jovien, sont mêlés à l'histoire de cette place importante. C'est là que s'est longtemps maintenu comme calife le fameux Ali, fondateur de la secte des schiites, qui, plus que les sunnites, semblent avoir des titres à se qualifier de mahométans orthodoxes. Sur les bords du Naharwan s'est livrée la fameuse bataille dans laquelle les Koraïchites ou séparatistes, sous les ordres d'Abdallah ibn Waheb, au nombre de quatre mille, furent tous anéantis, à l'exception de neuf d'entre eux, quelques récits disent sept ; tandis qu'Ali ne perdit que neuf ou sept des siens.

Les neuf survivants se trouvèrent encore de trop pour le salut d'Ali. Trois d'entre eux, s'étant rencontrés à la Mecque, convinrent que les intérêts du mahométisme exigeaient le meurtre du rival des califes et celui d'Amrou ibn Aasi, gouverneur de l'Égypte. Abderrahman ibn Melgem se chargea de tuer Ali. Il trouva deux autres Koraïchites, Derwan et Shabib, qui se joignirent à lui. Tous trois attaquèrent Ali dans la mosquée de Koufa, le dix-septième jour du mois de ramadan de l'an 40 de l'hégire, et le blessèrent à mort. Des trois assassins, Shabib seul s'échappa. Les deux autres furent pris et mis à mort. Mohawiyah fut blessé par Barak, qui subit, pour premier châtiment, l'amputation des mains et des pieds, et fut ensuite tué par un des amis de Moawiyah. Amrou fut sauvé par une indisposition qui l'empêcha de se rendre à la mosquée du Caire, le jour choisi par les meurtriers. Charidjah, qui prêchait à sa place, tomba pour lui sous le fer empoisonné d'Amrou ibn Bekr.

A Istabilat sont les ruines d'une grande ville. On peut encore distinguer la direction des rues, et voir les restes des fortifications, consistant en petits bastions nombreux, réunis par des courtines. Cette ville, ainsi que quelques ouvrages moindres, qui semblent en avoir été les défenses, a évidemment été construite pour protéger un grand port artificiel, à l'entrée d'un spacieux canal, qui quitte ici la rive occidentale du fleuve. A elles deux, Istabilat et Madjaliweh barreraient complètement à une flotte ennemie le passage du Tigre et des canaux. Ceci explique la situation et l'importance de ces ruines.

A Samara finissait l'engagement de notre escorte arabe. Nous lui donnâmes une grande fête, et invitâmes à notre table le cheik et son fils. Le lendemain matin, nous nous quittâmes après des adieux chaleureux, eux pour retourner chez eux, nous pour poursuivre vers le sud et Bagdad.

Après les ruines d'Istabilat, nous parcourûmes une contrée absolument plate, coupée par des canaux de niveaux différents. Quelques-uns fournissent, par de petits fossés, une mince provision d'eau à des villages et à des cultures.

Nous traversâmes le principal canal inférieur sur un pont récemment construit par Ferhan-Pacha, pour donner accès à un établissement, formé par lui, d'Arabes Djemmars de la rive orientale, qui cultivent pour son compte. Ce fut près d'eux que nous campâmes.

Le jour suivant, nous quittâmes l'endroit avec plaisir, et, après avoir traversé un large canal sur un pont appelé Djisr-Hartha, nous nous trouvâmes sur un chemin tracé, que bordaient plusieurs villages, tous entourés de bouquets de palmiers et de figuiers. Dans toutes les directions courent de nombreux petits canaux ; un grand nombre de tombeaux à coupoles désignent le lieu de repos de quelques saints ou prophètes. Après une marche assez courte, nous campâmes dans une de ces localités perdues parmi les dattiers, qu'on appelle Sumeischah, la halte la plus prochaine, Khan Suediyah, se trouvant à six heures plus loin.

De Sumeischah à Khan Suediyah le pays est nu et sans culture ; mais dans les quelques endroits où avait séjourné l'eau de pluie, le gazon poussait vert et frais. Près d'un de ces emplacements était la tombe d'un santon. Nous nous assîmes à son ombre, pour attendre nos mules, restées comme d'ordinaire en arrière.

En arrivant à Khan Suediyah, nous n'y trouvâmes personne, à l'exception d'une famille arabe. Nous pûmes donc nous y établir commodément, nous et nos animaux. Cependant, à trois heures de l'après-midi, de nombreuses caravanes de pèlerins persans commencèrent à arriver, et au coucher du soleil il y avait grand encombrement. Beaucoup voyageaient très confortablement, avec femmes et domestiques; d'autres, plus pauvres, avaient pu tout au plus louer une part de mule. Outre les pèlerins vivants, beaucoup de cadavres étaient portés par des amis, pour être enterrés dans le voisinage du lieu saint. La charge ordinaire d'une mule était de deux vivants, ou d'un vivant et de deux morts. Toute la nuit fut troublée par de bruyantes prières, agrémentées de discussions et de rixes, autour des feux allumés pour faire la cuisine; aussi nous vîmes arriver le jour sans regrets, et nous nous hâtâmes de filer vers Bagdad.

Schaefer et moi nous allâmes en avant avec un zaptieh. Nous atteignîmes bientôt le Tigre, en traversant quantité de cultures, toutes irriguées au moyen d'eau élevée par des buffles. Près de Kansimain, nous entrâmes dans des jardins, qui ne cessent qu'à Bagdad. Nous y fûmes frappés de voir un tramway construit par Midhat-Pacha, quand il était wali de Bagdad, pour réunir Kansimain à la ville. A la traversée du pont de bateaux, nos yeux aperçurent avec joie l'*Union Jack* flottant sur la résidence, et le pavillon bleu sur le vapeur *la Comète*, de la marine de Bombay. Au moment où nous allions entrer à la résidence, je rencontrai M. Cuthbert, un des officiers de *la Comète*, que j'avais connu pendant la campagne d'Abyssinie.

A la résidence, nous fûmes chaleureusement accueillis par le colonel et Mme Nixon, et nous trouvâmes sous leur toit hospitalier M. et lady Anne Blunt, qui arrivaient de Damas après un hardi et aventureux voyage à travers le Nedjed du Nord, et qui devaient repartir le soir même pour visiter un chef des Kurdes Baktiari, dans les montagnes au delà de Shuster. Nous convînmes de les retrouver, s'il était possible, à Bunder-Abbas, où lady Anne devait prendre le vapeur pour l'Inde, tandis que son mari et nous, nous irions par voie de terre.

Ils accomplirent en effet le voyage par terre jusqu'à

Bushire, mais la saison était alors beaucoup trop avancée pour qu'il fût possible de continuer à suivre ainsi les rivages du golfe Persique. D'autre part, mon voyage à moi, quoique je ne le susse point encore, devait s'arrêter à Bagdad.

Aussitôt que nous le pûmes, nous essayâmes de nous procurer des chameaux pour le reste du trajet que nous nous proposions de faire, et d'engager de nouveaux domestiques, nos Syriens ne voulant point dépasser Bagdad.

Au milieu de ces préparatifs nous arriva la nouvelle de la fatale journée d'Isandula. Les détails étaient naturellement peu nombreux, mais il me sembla que je pouvais rendre quelques services. Je calculai qu'en partant le soir même par le *Blosse Lynch*, je pourrais profiter à Bassorah du vapeur qui correspond à Aden avec la malle de Zanzibar et Natal. Mes préparatifs furent aussi vite faits que ma résolution fut prise, et le lendemain matin, moi et mes chevaux, nous étions embarqués sur le Tigre. A Bassorah, je trouvai le steamer *Patna*, commandé par un de mes vieux amis d'Abyssinie, James Avern. Je suis sûr que son nom et celui de son bâtiment *l'Euphrate*, n° 1, de la flotte des transports, sont familiers à tous ceux qui étaient en 1868 dans la baie d'Ansley. Nous partîmes le matin qui suivit l'arrivée du *Blosse Lynch* et nous atteignîmes sans incidents Karachi, après un court séjour à Bushire, le « père des ports ».

A Karachi, il fallut s'arrêter plusieurs jours, et les membres du *Scind Club*, avec beaucoup de complaisance et d'hospitalité, me nommèrent membre honoraire, pendant mon séjour parmi eux, et ajoutèrent à leurs amabilités celle de m'inviter à dîner avant mon départ.

A peine étais-je installé au club, que je reçus un

Bagdad. — Pont de bateaux.

télégramme laconique et fatal à toutes mes espérances de faire la campagne du Zoulouland. « L'Amirauté ne veut pas, » tel était son contenu. L'obéissance étant le premier de tous les devoirs, je vendis mes chevaux, et je pris mon billet pour Londres, au lieu de Natal. Une traversée facile, quoique dépourvue de tout évènement, et rendue plus agréable encore par d'aimables compagnons, me conduisit en Angleterre, où j'arrivai le 29 mai. En annonçant mon retour et sa cause à « Leurs Seigneuries », j'appris que, dans le télégramme qui m'avait été adressé, il y avait eu erreur et que j'avais été au contraire autorisé à me rendre au Cap. Il était maintenant trop tard pour espérer pouvoir encore prendre part à la guerre. J'abandonnai donc avec regret toute idée de départ, et je m'occupai d'écrire ce récit de mon magnifique voyage à travers des contrées destinées, j'en ai la confiance, à devenir *notre future grande route* vers l'Inde et l'Orient.

CHAPITRE XII

CONCLUSIONS TECHNIQUES, FINANCIÈRES ET POLITIQUES

I

C'est une grosse question et des plus importantes pour notre pays, que celle d'une communication par voie ferrée avec l'Inde. Comme beaucoup de tracés rivaux sont en concurrence dans cette vue, il est nécessaire de peser mûrement, et sans passion, les avantages ou les inconvénients de chacun d'eux.

Un axiome généralement accepté veut que les promoteurs d'un chemin de fer s'attachent, pour en apprécier le rendement, au trafic local plutôt qu'à celui des deux têtes de ligne. Un autre point universellement admis, c'est que, toutes choses égales d'ailleurs, la meilleure voie de transit soit celle qui présente une longueur de rail maximum pour un trajet maritime minimum.

Les éléments à peser avant de décider la construction d'une ligne sont la configuration du pays traversé, l'abondance d'eau, le prix et la quantité de la main-d'œuvre, les moyens d'approvisionner les chantiers, et la facilité de transport pour les travaux et le matériel.

Il est aussi d'une haute importance que le chemin de

fer ait ses deux terminus placés, si possible, sous l'action du même gouvernement, ou, au moins, qu'il traverse aussi peu de frontières que possible. Il importe d'éviter les vexations de passeports, de douanes, de quarantaines, que peut faire supporter une puissance intermédiaire, sans donner lieu cependant à des *casus belli*.

Notre route actuelle vers la Méditerranée, viâ Brindisi, possède de nombreux avantages sur celle de Constantinople. Elle est placée en dehors du théâtre de la question d'Orient; elle traverse les territoires de puissances dont l'intérêt est d'empêcher la formation dans cette mer, d'une nouvelle puissance navale, et qui, dans la guerre de Crimée, ont identifié leurs vues avec les nôtres. Pour arriver à Constantinople, il nous faudrait passer par la France, la Belgique, l'Empire germanique, l'Autriche, dont l'avenir est gros de difficultés dans la question d'Orient, la Serbie et la Bulgarie, qui d'un moment à l'autre peuvent être soulevées contre nous par les agents de la Russie, et enfin le territoire turc jusqu'à Constantinople.

En temps de paix, on peut sans aucun doute gagner Constantinople, en la réunissant au système des chemins européens presque aussi facilement que par Brindisi. Alors la seule frontière à traverser pour une ligne de Scutari au golfe Persique serait celle de la Perse, où il n'y a pas de difficultés à redouter, car, à moins d'une grande décadence de nos forces, nous serons toujours en état de résister avec avantage à une alliance russo-perse.

Peut-être vaut-il mieux énumérer tout d'abord les lignes proposées par diverses autorités et certains intérêts comme les plus avantageuses à la réunion de l'Orient à l'Occident.

1° Projet russe, viâ Orembourg, ayant une extrémité

dans l'Inde, l'autre sur la Baltique : défendu par M. de Lesseps.

2° Viâ Constantinople, Diarbekr, Mossoul, Bagdad, jusqu'au golfe Persique.

3° D'Iskanderoun à Alep, et par la vallée de l'Euphrate à Kweyt.

4° De Tripoli, viâ Palmyre, à Bagdad ou à Kweyt.

5° De Tyr à Kweyt ou à Bassorah.

6° De Sidon à Damas, et de là à Bagdad ou à Kweyt.

7° D'El-Arish à Kweyt ou à Bassorah.

8° Une ligne ayant Séleucie comme port d'embarquement.

9° Une ligne qui d'Alep irait par Mossoul vers Téhéran, Hérat, Kaboul et, par le passage du Khyber, vers Attock.

10° De Tripoli à Homs, Hamah, Mara, Idlib, Alep, Orfa, au-dessous de Mardin, Nisibin, Mossoul; de là, par la vallée du Tigre, à Bagdad, puis à Bushire, et dans l'avenir à Karachi par le Laristan et le Béloutchistan.

Le numéro 1 peut être écarté dès le principe comme étant sans utilité politique par rapport à l'Inde. Commercialement, il ouvrirait certainement un marché pour notre thé, et porterait un grand coup au trafic par terre entre la Russie et la Chine ; mais il passerait à travers de vastes régions désertes, ou habitées seulement par des tribus nomades, qui ne fourniraient point ce trafic local aussi nécessaire à un chemin de fer que le pain l'est à l'homme. En admettant que les Russes construisent la voie jusqu'à Merv, nous n'avons pas à en redouter les résultats militaires. Elle pourra peut-être les aider à maintenir l'ordre dans leurs nouveaux territoires, mais un chemin de fer d'une telle longueur ne sera jamais capable d'entretenir l'approvisionnement nécessaire une armée assez forte pour faire seulement une démonstration hostile contre notre frontière indienne.

Notre danger le plus grand, s'il existe, serait une entente entre la Russie et la Perse, prenant la Caspienne comme base d'opération sur le flanc de notre communication avec l'Inde par le golfe Persique.

Quant au numéro 2, nous avons déjà vu que la route de Constantinople par l'Europe présente, en comparaison avec la route par Brindisi, de grands désavantages. Pour les produits de la Turquie d'Asie, Constantinople est plus mal située que n'importe quel port de Syrie, ou de la côte de l'Asie Mineure, en raison de ce qu'il nécessite un trajet maritime à la fois plus long et plus dangereux.

Cette ligne a été commencée plusieurs fois, puis abandonnée. La section de Scutari à Ismidt est achevée, et sans aucun doute rend d'utiles services; mais c'est un simple tronçon entre Constantinople et une ville d'eau très courue. Près d'Angora se voient des terrassements délabrés, souvenir de ceux qui ont entrepris l'œuvre sans en connaître le prix. Des études ont été faites pour quelques portions de la ligne, mais je doute beaucoup qu'elles soient actuellement continuées. En somme, ce qui a été fait est bien conforme au système ordinaire des travaux publics dans la Turquie d'Asie, lesquels tombent en ruine avant même d'avoir été terminés. Le petit nombre d'agents honnêtes qui, livrés à leurs propres lumières, ont essayé de faire quelque chose pour leur pays, ont toujours préféré entamer quelque œuvre nouvelle à leur fantaisie, que d'achever les entreprises entamées par leurs prédécesseurs. C'est ainsi que le chemin de fer dont je parle a déjà été repris et laissé une douzaine de fois.

La nature montagneuse du pays dans l'Asie Mineure proprement dite rendrait à la fois longue et coûteuse la construction de cette ligne, qui, stratégiquement, ne serait pas d'une grande utilité, car dans l'avenir toute marche des Russes sur Constantinople se fera par une route en communication facile avec la mer Noire. Même s'ils avaient l'idée de faire une feinte par le nord, ils n'iraient pas sérieusement se briser contre les lignes Tchàtchaldja, alors que, sans qu'une amorce soit brûlée, la capitale peut être contrainte de capituler par un ennemi maître de l'Arménie et de l'Anatolie orientale. Au début, l'Anti-Taurus protègerait cette ligne, mais, si les Russes le traversaient à Angora, la guerre serait finie. Naturellement, en admettant qu'ils ne puissent se rendre absolument maîtres de la mer Noire, des colonnes de débarquement pourraient les harceler; mais, d'autre part, la population ne leur est pas hostile, grâce à la discipline de leurs troupes et au payement régulier de toutes les réquisitions pendant la dernière guerre. Leurs agents s'emploient activement à miner l'autorité turque, à soulever des séditions, et à susciter un mécontentement qui aurait bientôt mis tout en flammes, si ce peuple n'était pas le plus patient du monde.

Le prix de revient de la ligne de Scutari à Diarbekr serait plus élevé que celui de tous les autres itinéraires (les numéros 1 et 8 exceptés). Cette raison seule devrait en faire abandonner l'idée, au moins jusqu'à ce que le commerce du pays soit plus développé et le gouvernement plus capable de le favoriser.

A première vue, le numéro 3 se recommande par beaucoup de côtés. Iskanderoun est le port le plus rapproché d'Alep. Pendant des siècles il a été en possession de presque tout le commerce de ce grand marché. Il est bien connu des Européens, et la distance jusqu'à Kweyt est relativement courte. Mais, en considérant les choses de plus près, on trouve que l'insalubrité de la ville et les difficultés techniques du passage du Beïlan et des marais d'alentour créent un obstacle insurmontable à cette solution. De plus toute la vallée de l'Euphrate au-dessous de Bir-ed-Djik est presque inculte; la population ne se compose que d'Arabes nomades qui ne contribueraient en rien au trafic local; toute la section d'Alep à Kweyt n'aurait donc à compter que sur le commerce de transit, ce qui ne suffirait point, comme je l'ai dit plus haut, à entretenir l'exploitation. Enfin le choix de Kweyt comme tête de ligne serait mauvais à cause de sa situation sur la rive occidentale du golfe Persique. Un jour, sans doute, l'Inde se rattachera à ce réseau et, dans ce cas, la section de Deïr à Kweyt, viâ Babylone, deviendrait inutile.

Le quatrième projet nous offre dans Tripoli un bon point de départ, où un grand port peut être facilement construit, le passage de montagnes le plus facile pour gagner le pays plat de l'intérieur, et une ligne comparativement courte.

A quinze milles Est de Homs, le pays est sans culture. Bagdad, quoique sûrement destinée à être une des stations importantes, ne saurait être tête de ligne. La navigation du Tigre, de Bagdad à Bassorah, est en effet pénible et difficile, et ne peut offrir la régularité permanente qu'il faut au transport des correspondances. Quoique cette portion de la ligne ne soit pas nécessaire dès à présent, il est probable que bien des gens vivant aujourd'hui la verront à l'œuvre, et, qui plus est, productive. Quant à Kweyt, il soulève la même objection que dans le projet précédent.

Le numéro 5 est appuyé par la haute autorité du capitaine Burton; mais, ici encore, l'absence de trafic local élève un insurmontable obstacle. Sans la difficulté et la dépense que causerait le passage de la ligne à travers les terrains marécageux du bord du fleuve, Bassorah serait un bon terminus provisoire. Cette direction, et elle a cela de commun avec toutes celles qui traverseraient directement le désert mésopotamien, nécessiterait le forage de puits pour fournir de l'eau aux ouvriers de la ligne. Il y aurait aussi à traverser la vallée du Jourdain, ce qui serait une difficulté d'exécution considérable.

Le numéro 6, de Sidon (Saïda) à Damas, ne présente aucune supériorité, quant à la distance ou au trafic, sur les lignes partant de Tripoli, et, d'autre part, la contrée est si montagneuse entre ces deux villes, que la construction de la voie serait très dispendieuse et très difficile. Sidon possède un petit port, mais il faudrait dépenser un argent énorme pour le rendre propre à un trafic tel que serait celui d'un terminus de la ligne indo-méditerranéenne.

Le numéro 7, d'El-Arish à Kweyt, serait le plus court chemin de la Méditerranée au golfe Persique ; mais l'état désert du pays le rend impropre à l'établissement d'une voie ferrée.

Le numéro 8 ne diffère du premier que par le choix de Séleucie comme port. La rade ancienne a été ensablée. En admettant même qu'elle fût draguée, elle serait bien petite pour les vaisseaux modernes, et il faudrait traverser dix-sept fois la rivière d'Oronte sur une longueur de vingt et un milles.

Le numéro 9, jusqu'à Mossoul, se confond avec le numéro 10, que nous allons examiner plus en détail. Au delà de Mossoul, si la civilisation et le commerce des pays traversés viennent à se développer, la nécessité d'un chemin de fer se fera de plus en plus sentir. Il est à es-

Séleucie.

pérer que l'Afghanistan, après le règlement des différends avec le gouvernement de l'Inde et l'envoi de résidents anglais, va progresser rapidement. Quant à la Perse, elle est, je crois, le pays le plus mal gouverné du monde, plus mal que la Turquie ou les petites républiques de l'Amérique du Sud. Son avenir dépendra dans une large mesure de l'action de l'Angleterre et de celle de la Russie. Il faut espérer qu'aucune jalousie mutuelle ne viendra entraver les projets favorables à ses progrès.

Le dixième et dernier projet est celui qui me paraît avoir l'avenir le plus brillant. Le trafic local actuel est déjà très considérable. Il est susceptible d'un accroissement énorme et immédiat, et beaucoup d'autres raisons encore font de ce chemin le premier qu'il faille exécuter.

Le choix de Tripoli comme terminus méditerranéen présente tout d'abord de grands avantages. Un des plus considérables est sa salubrité, l'abondance et la qualité de ses eaux.

Tripoli se compose aujourd'hui de l'une des trois villes grecques qui lui ont donné son nom et du faubourg maritime d'El-Mina. Ces deux parties sont réunies par une bonne route, longue de deux milles, qu'une diligence parcourt, on l'a vu, trois ou quatre fois par jour. Son Excellence Midhat-Pacha y a déjà installé une ligne de tramways.

Il y a deux bonnes rades ; l'une est parfaitement abritée contre tous les vents, excepté ceux du nord et de l'est. Contre ceux-là mêmes le mouillage est parfaitement sûr, seulement, dans les gros temps, la communication avec la terre devient alors malaisée. La seconde rade ne servirait qu'aux bâtiments qui, dans ce cas, voudraient conserver cette communication, car elle est exposée à tous les vents d'ouest.

Dans la première, la configuration des lieux fournirait de grandes facilités pour la création d'un port largement suffisant aux besoins du commerce. On aurait sous la main la pierre et les autres matériaux nécessaires à l'établissement des jetées et des brise-lames, et la main-d'œuvre est à la fois abondante et peu coûteuse.

Le trafic actuel du port est purement local. Il consiste surtout en fruits provenant des vergers voisins, et en grains des districts d'Homs et d'Hamah. Néanmoins l'exportation atteint déjà plus de treize millions de francs par an. Il pourrait s'étendre indéfiniment, puisque, faute de moyens de transport, de grands espaces de terrain fertile et bien arrosé restent actuellement improductifs.

La ligne que je propose suivrait le pays plat entre les montagnes et la mer, jusqu'aux passes du Nahr-el-Barid et de là les vallées d'Eyne-Soodi et Kara-Chibôk jusqu'à la Bukeia, petite plaine extraordinairement fertile, entourée par le Nahr-el-Kebir. Elle monterait ensuite par des gradins naturels jusqu'aux plaines d'Homs, après trois milles environ d'un passage difficile, qui pourrait demander quelques travaux d'art; puis elle aurait à traverser l'Oronte (Nahr-el-Asy). Un pont de soixante pieds, prolongé de cent mètres de chaque côté, y suffirait amplement.

Autour de Homs, dans un rayon de quatre à cinq milles, on emploie, dans une certaine mesure, les eaux de l'Oronte à l'irrigation des jardins. Déjà de grandes expéditions de grain sont faites sur la côte, mais le prix des transports est si élevé dans la saison des pluies, les chutes des chameaux dans la boue occasionnent une telle perte (10 pour 100) qu'un accroissement immédiat serait chose assurée. On produit et l'on manufacture aussi beaucoup de soie et de coton, mais la plus grande partie se consomme dans le pays et ne s'exporte pas. Le contraire aurait lieu avec des transports à bon marché, et par contre on introduirait des objets plus propres à l'usage des paysans.

La location d'un chameau, qui peut porter un quart de tonne, est de soixante à soixante-dix piastres jusqu'à Tripoli, distante de cinquante milles en ligne droite, soixante par la route actuelle et soixante-dix par la meilleure direction pour un chemin de fer. Cela fait au moins dix pence la tonne. Le chemin de fer pourrait arriver à ne prendre que le tiers. D'autres branches de culture se développeraient aisément, avec un bon gouvernement, et le capital dormant dans la contrée pourrait être utilisé. Ce capital, qui se cache dans toute la Turquie d'Asie, doit être très considérable, car la valeur des importations ne dépasse pas les deux tiers de celle des exportations.

Le sucre, le café et beaucoup de ces menues denrées de luxe nécessaires suivant nos idées d'Europe sont tout à fait étrangers aux paysans et à la population pauvre des villes, en raison de leur prix. Ils les connaissent assez pour en avoir envie, mais la cherté les leur interdit. S'ils avaient pour leurs propres produits un meilleur et plus grand marché, eux-mêmes deviendraient de plus gros consommateurs, non seulement de ces denrées, mais de bien d'autres objets européens, tels que la quincaillerie, la faïence, etc.

D'Homs à Hamah la ligne ne demanderait pas d'ouvrages d'art ; il n'y aurait qu'à niveler le terrain pour y placer les traverses et les rails, puis à ballaster. Il n'y aurait d'exception qu'à Rusta, où l'Oronte coule à travers une vallée profonde s'élargissant par endroits jusqu'à trois ou quatre milles, se réduisant ailleurs aux proportions d'une gorge ou d'un ravin. La route actuelle passe à Rusta, ancienne station romaine. La pente de la rive droite est douce jusqu'à environ trois cent cinquante mètres de l'Oronte, où se produit une brusque déclivité vers la petite dépression que suit la rivière. Ce serait là le premier ouvrage d'art, après qu'on se serait élevé de la plaine de la Bukeia. Le pont existant, y compris la partie qui sert de barrage à un moulin bâti dessus, a une longueur totale de quatre cents pieds. La largeur du fleuve est de deux cents.

Sur la rive gauche, le terrain devient ardu. Le moyen le plus économique de vaincre la difficulté serait de jeter sur le fond de la vallée un viaduc, de quatre à cinq cents mètres de longueur, de cinquante pieds d'élévation au point le plus profond, et qui arriverait à mi-hauteur de la rive gauche. De là on ferait, soit le long de la pente, un lacet analogue à la route actuelle, soit une tranchée d'un demi-mille rejoignant en pente douce le viaduc à la plaine qui vient ensuite. Cette tranchée, profonde de quarante à cinquante pieds en tête, arriverait à zéro, et le déblai pourrait servir à diminuer la longueur du viaduc.

Après cela, il n'y aurait plus rien à faire jusqu'à Homs, la pente naturelle étant si aisée que ce n'est pas la peine de chercher à l'améliorer. A Hamah, on retrouve encore l'Oronte, cependant on peut le traverser à niveau. Le pont qui existe aujourd'hui a deux cents pieds, mais une grande partie de cette longueur sert de barrage pour un moulin à farine, et aussi à mouvoir de grandes roues hydrauliques élevant l'eau d'irrigation des jardins de la ville.

Au delà d'Hamah, la contrée est plate. Le seul travail nécessaire consisterait en des ponts sur trois ravins entre cette ville et Tyiby. Le plus grand de ces ponts aurait une arche de vingt pieds d'ouverture, avec une extension de quarante mètres de chaque côté. Passé

Tyiby, le pays est encore plat, mais on rencontre un large ravin qui exigerait un pont assez long pour permettre le passage des eaux torrentielles, et en enrochement de chaque côté. Le tout ne dépasserait pas une longueur de cinq ou six cents mètres. De là à Khan-Cheik-Khaun, tout est de niveau. Entre ce dernier point et Mara, la contrée se relève, puis redescend ; mais, au moyen d'un petit détour, on éviterait la nécessité des terrassements. Il en est de même pour arriver à Idlib ou Sarmeen.

D'Idlib à Zurby, malgré les cartes, qui indiquent une chaîne de hauteurs, un détour permet d'avoir une route absolument plate, et ensuite jusqu'à la rivière d'Alep il n'y a qu'une pente légère. A Khan-Tomaun, le chemin ordinaire d'Alep se sépare de la ligne que nous avons suivie et monte sur des collines rocheuses ; néanmoins il existe un ruisseau le long duquel on trouve un passage uni et facile qui mène tout près d'Alep.

La distance totale de Tripoli à Alep se répartit ainsi :

	Chemin de fer.	Ligne droite.
De Tripoli à Homs.......	70 milles.	50 milles.
De Homs à Hamah......	30 —	29 —
De Hamah à Mara.......	39 —	34 —
De Mara à Idlib........	26 —	24 —
D'Idlib à Alep..........	32 —	28 —
Total.......	197 milles.	165 milles.

D'Alexandrette à Alep la ligne droite est de cinquante-sept milles. Le chemin de fer devrait en avoir quatre-vingt-dix-sept, et le passage du Beïlan coûterait beaucoup de temps, de travail et d'argent. Je crois que cette dépense, à elle seule, excèderait les frais de toute la ligne de Tripoli à Alep, et que l'exécution prendrait neuf ou dix ans.

Les chiffres que j'ai recueillis en divers endroits, sur place pour Homs, Hamah et Mara, et à Sarmeen pour Idlib, donnent pour le trafic deux mille chameaux par jour, soit quatre cents tonnes. A part ce qui vient d'Idlib peut-être, la ligne d'Iskanderoun à Alep n'en prendrait pas un kilogramme, tandis que celle que je propose absorberait immédiatement la totalité, et je ne compte pas dans tout ceci le commerce d'Alep, qui occupe quatre-vingt mille chameaux.

La longueur moyenne de ces transports jusqu'au port d'embarquement peut être estimée, en moyenne, à dix-huit milles, et leur coût total à 240 000 livres sterling par an. Il faut noter qu'aujourd'hui beaucoup de marchandises vont à Latakieh et à Iskanderoun.

Si l'on estime le prix de la ligne à 10 000 livres sterling le kilomètre, la perception de prix égaux à ceux d'aujourd'hui donnerait un intérêt de plus de 12 pour 100 pour le trafic purement local. Évidemment le chemin de fer prendrait moins cher, mais il n'y a rien d'exagéré à compter sur un revenu net de 5 pour 100.

D'Alep la ligne aurait d'abord à parcourir jusqu'à Mombedj un trajet de quarante milles presque à niveau. De Mombedj il n'y a que douze milles jusqu'à l'embouchure du Nahr-Sadschur, où serait le meilleur point de passage de l'Euphrate. Ensuite, et jusqu'à Haran, les quinze premiers milles seulement seraient un peu difficiles, et encore pourrait-on avec adresse éviter tout terrassement considérable. Les détours nécessaires allongeraient probablement le trajet d'une vingtaine de milles. Trente-cinq ou trente-sept milles de plus conduiraient à Haran, situé dans la même plaine qu'Orfa, ville d'une grande importance commerciale. Suivant qu'on irait à Orfa ou qu'on se contenterait de passer à côté, cela ferait une différence de quinze milles, c'est-à-dire que, au lieu de vingt milles à faire pour gagner Orfa, plus douze et demi pour aller jusqu'à Khan-Medscheri, on n'en aurait que dix-sept et demi en se dirigeant droit sur Khan-Medscheri. Un embranchement sur Orfa serait peut-être ce qu'il y aurait de mieux. Après Khan-Medscheri, les premiers dix milles sont légèrement accidentés ; mais ensuite, par Tel-Armen (sous Mardin), Nisibin, Tchil-Agha, Roumeïlat, jusqu'à sept milles de Mossoul (en tout une distance de deux cent vingt milles), la contrée est complètement plate, sauf sur sept ou huit milles, entre Asmaur et Tchil-Agha, où il faudrait soit un petit détour, soit quelques terrassements.

II

En résumé, la distance totale d'Alep à Mossoul serait de trois cent quarante milles. La construction de la voie, y compris le pont sur l'Euphrate, pourrait aisément s'exécuter au même taux que nos lignes d'Europe, soit 5000 livres sterling par mille, car il est difficilement concevable que quelque autre pays que ce soit au monde puisse offrir, sur d'aussi vastes étendues, de semblables facilités à la construction.

De Mossoul à Bagdad, la ligne suivrait presque la rive occidentale du Tigre jusqu'à Samara, se dirigeant de là droit sur Bagdad : la distance est de cent quatre-vingts milles ; en tenant compte des courbes, elle pourrait s'élever à deux cents.

Au sortir de Mossoul, on aurait d'abord, pendant cinq milles, le sol plat sur lequel est bâtie la ville ; puis, sur une longueur de deux milles, à partir d'El-Kasr, il faudrait faire des tranchées et des terrassements. Jusqu'à Hammam-Ali, pas d'accidents de terrain. Neuf milles plus loin, en face de Nemrod, il faudrait, pendant un mille et demi, une pente conduisant à un autre plateau. La différence d'altitude des deux plateaux est de cinquante pieds, ce qui donne une déclivité de un sur cent cinquante.

Une fois sur ce plateau supérieur, on le suivrait pendant dix-huit milles. Quelques petits nivellements ou muraillements pourraient être çà et là indispensables, ainsi que quelques aqueducs pour permettre aux eaux du Sindjar et des autres hauteurs de l'occident de s'écouler vers le fleuve. Après le passage de cette plaine, une descente de deux milles serait nécessaire pour regagner le niveau inférieur, où il y aurait à traverser une coupure qui verse au Tigre une grande quantité d'eau. La largeur de cette vallée varie de six à vingt pieds. Quoiqu'elle n'ait que dix pieds de profondeur, il faudrait niveler ses berges sur une certaine étendue vers l'ouest pour empêcher les eaux de changer leur cours et d'endommager la ligne. Il y a là, comme je l'ai dit, un campement permanent d'Arabes Djebours, sur lesquels on pourrait toujours compter pour avoir de la main-d'œuvre à bon marché.

Passé ce campement, le chemin est plat sur un mille et demi ; on passe un petit canal profond de trois pieds, large de six, on traverse un mille de petits monticules, de gisements de bitume et de sources sulfureuses ; après quoi on atteint un nouveau plateau, qui, sans exiger aucuns travaux, conduirait à dix milles de là, à Djernaf, établissement de nombreux Djebours. A cinq milles de Djernaf, le plateau supérieur forme sur l'inférieur une sorte de promontoire qui arrive près du fleuve. La route actuelle gravit un ravin et passe par un terrain accidenté pour redescendre de l'autre côté. Une tranchée de cinquante pieds de profondeur et longue d'un demi-mille traverserait cette espèce de projection. Ce chiffre de cinquante pieds représente la profondeur maximum, mais cette langue de terre est si déchiquetée, que la quantité de déblai à remuer ne serait pas plus considérable que si la profondeur uniforme sur toute la longueur n'était que de vingt à trente pieds.

Après ce promontoire, on arriverait à Sherghat par deux milles de chemin plat. Sherghat est le quartier général de Ferhan-Pacha, que ie gouvernement turc reconnaît comme grand chef des Djebel-Shammar. De ce lieu, un niveau d'un mille et demi, puis une montée de soixante pieds sur trois milles conduiraient à une plaine ouverte, séparée du fleuve par des collines basses et traversée vers l'ouest par une vallée. Au bout de six milles, cette vallée se termine et le versant se décharge de nouveau dans le fleuve, par une série de petits ravins, au nord des monts Hamrin. Ces ravins et les petites hauteurs qui les séparent (appelées *Bel-a-Didj* par les Arabes) exigeraient quelques tranchées et quelques ponts. Viendraient ensuite vingt-quatre milles de niveau, coupés seulement par quatre petites *nullahs*, dont aucune ne demanderait de pont de plus de vingt pieds de long. Au bout de cette plaine est un ruisseau d'eau salée, large de dix pieds, profond de deux ; puis vient un mille de chemin à travers des dunes de sable de dix pieds de haut, et enfin trois autres milles conduisent à Kalaat-Mekroun. En cet endroit, la plaine est resserrée par des hauteurs et varie, en largeur, de deux milles à un quart de mille. Dix milles et demi plus loin, le fleuve et les collines se rapprochent, et il faut alors s'élever de soixante-dix pieds, sur un trajet d'un mille et demi, coupé de petits ravins. Le dernier de ceux-ci a cent cinquante pieds de large ; après cela on a atteint le plateau supérieur.

Au bout de douze milles on trouve Tekrit, trois milles

plus loin un second ravin, un mille après, enfin, un troisième ravin, et alors on arrive dans la grande plaine d'alluvion du Tigre.

Une fois là on n'aurait plus, en fait d'obstacles, jusqu'à Bagdad, que les restes de canaux anciens et les travaux modernes d'irrigation. En se tenant à une petite distance du fleuve, on éviterait ces derniers ; quant aux autres, deux seulement réclameraient un pont.

Jusqu'à présent j'ai parlé d'après ce que j'ai constaté personnellement. Pour la contrée de Bagdad à Bushire, je ne le fais que d'après ce qui m'a été dit.

Après le passage du Tigre à Bagdad, le pays est presque plat. Auprès d'Haweizeh, plusieurs petits ponts et un grand sur le Karoun seraient nécessaires. Il faudrait gagner le golfe Persique près de Dilam, et suivre à peu près la côte jusqu'à Bushire.

Bushire est sur une péninsule ; l'isthme qui le joint à la terre est couvert par la marée à deux ou trois pieds de hauteur, dans les grandes eaux, et sur une longueur de près de trois milles. Là il faudrait donc un viaduc.

De Bagdad à Bushire, il y a quatre cent soixante-huit milles. Il y aurait à faire une vingtaine de ponts ; avec le viaduc de l'isthme, ce seraient les seuls ouvrages d'art.

Le matériel pourrait être transporté par vapeur jusqu'à Bagdad et sur le Karoun, aussi loin qu'il serait nécessaire, avec une forte diminution de dépense.

Il n'y a aujourd'hui à Bushire qu'une rade ouverte. La barre a trop peu d'eau pour que les vapeurs maritimes puissent la passer. Mais on pourrait facilement draguer un canal de moins d'un demi-mille ; on aurait alors trente pieds d'eau le long d'un quai qu'on pourrait faire et où les vapeurs viendraient accoster la station du chemin de fer.

Bref, il n'est point de partie du monde où une ligne

ferrée puisse avoir des résultats politiques et commerciaux aussi grands que dans la région dont je parle ; il n'en est pas où un railway aussi long et aussi important trouve à vaincre aussi peu d'obstacles matériels et nécessite une aussi faible dépense, avec d'aussi grandes perspectives de succès financier.

III

Voilà pour les obstacles physiques, ou les facilités que rencontrerait la construction d'une ligne du golfe Persique à la Méditerranée. Mais une autre question se pose pour tous ceux que ce sujet intéresse : c'est celle des obstacles politiques et financiers à combattre et à vaincre. Personne, j'imagine, ne peut méconnaître l'immense bienfait que seraient, non seulement pour nos possessions indiennes, mais aussi pour tous les pays traversés, la construction et le succès financier d'une semblable ligne.

Partout, pendant notre voyage, nous avons trouvé les populations altérées de routes et de chemins de fer. A Tripoli, à Orfa, à Diarbekr et ailleurs, nous avons vu les riches disposés à apporter non seulement leur concours moral, mais encore à placer de l'argent dans l'affaire. Mais comme toute puissance d'initiative a été étouffée chez ce peuple, l'appui de l'Europe occidentale est indispensable pour la mise en train des travaux publics.

J'ai appris dernièrement qu'à Constantinople il y a des quantités d'entrepreneurs et de lanceurs d'affaires, qui cherchent à obtenir des concessions de chemins de fer et d'autres travaux dans différentes parties de la Turquie d'Asie. Mais la plupart sont des spéculateurs besogneux qui ne convoitent ces concessions que pour s'en faire de l'argent, et qui sont parfaitement indifférents à la réussite ou à l'échec des chemins de fer, pourvu qu'ils arrivent à remplir leurs poches.

Tant que la clique du sérail, plongée dans toutes ses abominations, continuera à gouverner *de facto* la Turquie, tous nos efforts pour améliorer l'état général du pays n'aboutiront à rien.

Malheureusement, depuis les jours du « grand Elchi », il n'y a point eu à Constantinople d'ambassadeur assez fort de caractère et d'esprit pour que parole soit devenue loi pour les Turcs. L'intérêt vital que présente l'avenir de l'Empire turc pour la nation anglaise exige que, dans l'état de chaos où sont aujourd'hui les choses, notre influence soit prédominante.

Ce que sera l'avenir, il est difficile de le dire. L'Autriche, en sentinelle aux portes, ne pourrait-elle pas arriver à occuper toute la forteresse ? Si la Roumanie, la Servie et la Bulgarie doivent conserver leur indépendance ou leur autonomie, il faut qu'elles fassent partie d'une confédération capable de maintenir à elle seule son indépendance contre la Russie, ou toute autre puissance qui viendrait à l'attaquer. A elles trois, elles ne peuvent espérer y suffire. Leur meilleure espérance d'avenir serait donc d'entrer dans une alliance fédérale dont l'Autriche serait le chef nominal. Si cette confédération se formait, il n'y aurait point d'inconvénient à accorder à la Grèce ses demandes de rectification de frontières. La Roumélie orientale et le territoire qui entoure Constantinople pourraient rester au pouvoir du sultan, mais les réformes devraient passer de l'état de conversations à celui de faits. Le pays devrait être administré par une commission européenne au nom du sultan, ou sinon constitué en un nouvel État relié à la confédération de la péninsule des Balkans.

Il est vraiment étrange que le sultan soit regardé comme un souverain de droit divin par ceux-là mêmes qui, plus que tous les autres, demandent que le trône soit l'héritage d'une famille. Il est entièrement contraire à la règle primitive de la religion mahométane que le califat soit une dignité héréditaire. En admettant même qu'on puisse altérer les dogmes jusqu'à maintenir une famille dans une dignité élective, comment les fils illégitimes de pères illégitimes peuvent-ils être considérés comme propriétaires du trône d'Othman? C'est une chose qui passe ma compréhension. On sait que depuis le temps de Bajazet Ier, c'est-à-dire pendant une période de cinq siècles, il n'y a eu que deux sultans légalement mariés. Il est difficile de calculer le degré de parenté que peut avoir la famille actuelle avec le fondateur de la dynastie ottomane, le brave Ertoghrul. Les harems se sont recrutés dans tous les pays où les armes turques ont été heureuses. Dans ces dernières années, ils se sont exclusivement composés d'esclaves circassiennes et de beautés vénales appartenant aux peuples d'Occident. D'après un bruit que je donne pour ce qu'il vaut, les Russes fourniraient au sérail des femmes heureuses de vivre dans une infamie dorée, récompensées par les émoluments dont les ministres du czar payent leurs renseignements sur ce gouvernement invisible qui déroute si souvent la diplomatie occidentale.

Quelles aptitudes au poste de maître absolu des hommes peut avoir l'enfant mal élevé d'une mère esclave, nourri dans une atmosphère de vice, flatté par tous ceux qui l'entourent, soigneusement tenu étranger à toute connaissance du monde et de la politique ?

Si les Turcs, ou les peuples auxquels on donne ce nom, sont satisfaits d'être gouvernés par un personnage qui porte la barre de la bâtardise sur tous les quartiers de son écusson, peut-être cela ne nous regarde-t-il pas, et n'avons-nous pas à changer leur coutume séculaire; mais il ne faut pas non plus nous abuser nous-mêmes, et croire qu'un débauché dégénéré du dix-neuvième siècle, en ceignant le sabre d'Othman, soit par là même doué des nobles qualités des fondateurs de la dynastie ottomane.

Quand nous entendons l'éloge du sultan, quand on nous dit qu'il est un bon prince, et que, s'il ne fait point aboutir les réformes, c'est uniquement parce que les circonstances sont plus fortes que lui, nous sommes tenté de demander si le temps des miracles est revenu, car un miracle seul pourrait expliquer une telle réhabilitation morale d'un habitant du harem et d'une prison.

Le mal est là, et il faut l'envisager hardiment. Nous avons en Angleterre l'habitude de vouloir nous persuader ce qui nous convient. Nous sommes constamment trompés, et, comme me le disait un jour un diplomate étranger, nous nous plaisons à être trompés.

Aujourd'hui, par exemple, nous aimerions que le sultan fût un homme de talent, vertueux, juste, honnête; nous nous fourrons dans le cerveau l'idée qu'il en est ainsi. Le réveil viendra, et nous n'aurons à blâmer que nous-mêmes.

Pour le moment et jusqu'à ce que l'action du temps ait modifié les choses, il nous faut maintenir le gouvernement actuel de la Turquie. Mais, en revanche, nous avons le droit, dont nous devons user, d'exiger que les territoires restant au sultan soient administrés avec honnêteté et justice. Ce doit être là le salaire du service rendu par lord Beaconsfield, en sauvant l'Empire turc d'une totale destruction. Si l'état actuel des finances turques est tel, qu'on ne puisse payer ni les salaires des juges, ni ceux des gendarmes, résolvons la question en augmentant, par un personnel excellent, le nombre des fonctionnaires de nos consulats, et comme John Bull a déjà suffisamment de charges, disons aux Turcs, franchement et ouvertement : « Puisqu'il est nécessaire que nous entretenions ce personnel, nous le ferons, et nous emploierons à cela l'excédent du revenu de Chypre, au lieu de vous le remettre. Quand votre administration se sera suffisamment améliorée pour que la présence de nos fonctionnaires ne soit plus nécessaire, nous les retirerons et nous vous remettrons l'argent. »

Notre droit absolu d'agir ainsi ne peut être mis en question. La convention de juin a imposé aux Turcs l'obligation de réformer les nombreux abus de leur administration locale et judiciaire. Ils ont manqué à cet engagement, ils ont donc brisé leur contrat. Dire que, par conséquent, nous sommes relevés du devoir de défendre la Turquie d'Asie, serait un non-sens. Le Turc est assez fin pour bien savoir qu'il est de notre propre intérêt de ne point laisser aux mains des Russes le grand chemin du passé, qui est en même temps celui de l'avenir, entre l'Orient et l'Occident ; cette menace est donc sur lui de nul effet. Mais touchez à sa poche, et il commencera à se remuer.

Quand, par l'effet de la surveillance des officiers anglais, les walis, moutasarifs, kaïmakans, moudirs, et toute la hiérarchie officielle, ne pourront plus gaspiller de toutes parts, il leur deviendra impossible de nourrir cette foule de moustiques qui sucent aujourd'hui le sang de l'Empire, et l'ignoble essaim affamé cessera d'être nuisible.

Dans toutes les questions de réformes, la possibilité des communications entre provinces et la création de débouchés pour leurs produits doivent entrer en considération. Mon principe est que les bonnes voies de communication font les bonnes civilisations. En Afrique, en Asie, en Amérique, à mesure que progressent les routes et les chemins de fer, la barbarie, la sauvagerie, le paganisme et tous les autres maux que dissimulent les coins perdus de notre univers, devront disparaître à la lumière de la civilisation. Il est des gens qui croient meilleur pour les nations pures encore des vices et des maux de la civilisation moderne, de garder leurs coutumes primitives, de peur qu'en courant après le mieux elles ne perdent le peu de bien qu'elles possèdent déjà. Personne ne niera cependant que le besoin du progrès, si profondément enraciné dans l'âme humaine, ne soit un des plus divins attributs de notre nature; et là où de longs siècles d'oppression ont obscurci ce besoin, rien n'est plus méritoire que l'effort pour relever cette plante languissante.

La religion mahométane a accompli, elle accomplit encore dans l'Afrique du Nord une grande œuvre civilisatrice; mais dans l'Empire du sultan, elle a perdu son pouvoir salutaire, et elle conduit ses sectateurs à une apathie d'où découlent tous les maux que nous déplorons. Les paysans mahométans sont sobres, frugaux, industrieux et supérieurs aux hommes de même condition qui appartiennent à d'autres religions, et cependant c'est un fait rare que de voir l'un d'eux s'élever jusqu'à l'aisance et à la richesse. Les doctrines fatalistes de l'islam leur font accepter tout ce qui leur arrive, sans employer la plus petite précaution pour éviter les maux prévus. Braves, loyaux, faciles à la discipline, patients dans les difficultés et les fatigues, on peut en faire des soldats égaux aux meilleurs de l'Europe occidentale; mais, laissés à eux-mêmes, sans secours européen, ils n'ont ni l'énergie ni l'*entrain* suffisants pour devenir des facteurs importants dans l'œuvre de la réforme orientale.

Quoique les chrétiens soient d'autre part, moins honnêtes, plus ivrognes et en général plus faux (il y a naturellement d'honorables et nombreuses exceptions) que leurs voisins mahométans, ils comprennent cependant qu'il peut y avoir dans la vie un état meilleur et plus heureux que le leur; aussi reçoivent-ils avidement pour leurs enfants les bienfaits de l'éducation. Ils épargnent et se saignent pour pouvoir les envoyer dans les écoles et dans les collèges, partout et toutes les fois qu'ils en ont l'occasion.

Entre les deux races chrétiennes principales de la Turquie, les Grecs et les Arméniens, je crois que je compterais plus sur la seconde pour la régénération de l'Orient. En délivrant la Grèce, l'Europe a fait une noble action; mais il faut savoir nous soustraire au prestige qu'ont jeté sur la nation grecque la riche poésie de Byron et le souvenir des grands hommes de l'antiquité.

Si nous considérons le nombre des années et des siècles qu'il a fallu pour produire cette littérature et cet art grec, dont l'ensemble nous apparaît comme réuni sur un point unique du temps, nous verrons que des œuvres plus prodigieuses sont entreprises, de plus belles peintures exécutées, plus de littérature digne de la postérité existe en Angleterre, en une seule année du règne de la reine Victoria, que dans les jours glorieux de l'ancienne Grèce. Nous parlons de Démosthène : ses plus amères *Philippiques* sont-elles de plus beaux spécimens de l'art oratoire que les harangues des Beaconsfield, des Gladstone et des Bright? Nous avons parmi nos orateurs de second ordre des hommes qui seront oubliés et dont les discours, s'ils eussent vécu aux temps classiques, se seraient perpétués comme des modèles de pensée et de style.

Les Arméniens et les autres races chrétiennes n'ont

peut-être pas une intelligence aussi rapide que les Grecs, mais ils ont de plus solides qualités. Ils sont moins complètement absorbés par la question d'argent, moins disposés à se croire permis tout ce qui les rapproche rapidement de la fortune.

A Constantinople, les Arméniens ont établi une sorte de Parlement particulier, où ils discutent et tranchent les questions qui les intéressent, sans rien demander au gouvernement, et ils votent de l'argent pour exécuter leurs décisions. C'est là un grand pas dans la voie du *self-government*. Malheureusement les Arméniens sont tellement mélangés avec les autres races, qu'il paraît tout à fait impossible d'établir une Arménie gouvernée et administrée par des Arméniens, et naturellement, d'ailleurs, l'ensemble de la nation est loin d'être aussi avancé que ceux de ses membres qui résident à Constantinople.

Il faut que le concours des indigènes soit acquis à tous les projets de réforme, qu'ils aient trait à l'amélioration des lois ou à la construction des routes. Nous devons, pour l'établissement de notre futur chemin de fer, intéresser à cette œuvre les habitants de tous les pays que nous aurons à traverser. On peut bien admettre que si nous contribuons à alléger les maux des Arméniens, ils nous aideront à leur tour à réaliser nos vues.

Je n'ai plus que le temps et la place de signaler ici un article de M. Blunt, dans le *Fortnightly Review*, intitulé : « Un chemin de fer indo-méditerranéen, fiction et réalité. » Il est écrit dans le plus bienveillant esprit, mais, au lieu d'être un argument contre l'établissement du chemin de fer selon le tracé que j'ai indiqué, il fournit au contraire, en sa faveur, quelques-uns des plus forts arguments.

Les trois objections soulevées par cet article et qui pourraient être de quelque poids sont celles-ci :

1° L'Inde n'a pas besoin de ce chemin de fer.

2° Le pays n'est pas assez riche pour le faire vivre.

3° Il est impossible, pour l'époque actuelle au moins, de rendre leur ancienne fécondité à Babylone et aux autres contrées qu'arrosent le Tigre et l'Euphrate.

A la première de ces affirmations, on pourrait répondre que l'Inde n'avait pas non plus besoin de sa grande route centrale, du canal de Suez, de chemins de fer, de routes, de canaux. — Où en serait l'Inde aujourd'hui sans tout cela ? Une nouvelle ligne de communication qui ne ferait pas concurrence aux anciennes, mais qui les aiderait en cas de besoin, serait d'une inestimable utilité, lors même que l'esprit officiel indien ne serait pas mûr pour le comprendre. On admet que le thé de l'Himalaya prendrait ce chemin. Si cela est vrai pour le thé de l'Himalaya, on trouverait bientôt, pour faire de même, d'autre thé, du café, de l'indigo, et des produits plus précieux encore. Le télégraphe ira toujours plus vite que la malle, c'est parfaitement vrai ; néanmoins plus vite ira la malle, mieux s'en trouveront le monde officiel, le monde commercial et le monde social. Pendant la plus grande partie de l'année, il fait bien moins chaud sur le golfe Persique que sur la mer Rouge, et les mois pendant lesquels il en est autrement sont ceux où personne ne vient de l'Inde, ou n'y retourne, à moins d'absolue nécessité.

J'admets bien que le pays ne soit pas assez riche pour faire vivre une ligne le long de l'Euphrate. Toutes les armées qui ont suivi ce fleuve, notamment celles de Cyrus et de Julien, n'ont vécu qu'avec l'aide des flottilles qui les suivaient, et sans lesquelles elles auraient péri.

Les rapports consulaires seraient trop longs à citer, et les masses de chiffres ne présentent point à l'esprit des idées nettes, mais les amateurs de statistique les étudieront avec utilité, et pourront, j'en suis certain, se convaincre que non seulement le pays est aujourd'hui beaucoup plus riche qu'on ne le croit, malgré son mauvais gouvernement, mais que sa pauvreté relative tient surtout au manque de voies de communication.

Quant à l'ancienne fertilité, elle existe encore. Les canaux dont parle M. Blunt étaient surtout des ouvrages stratégiques, qui n'étaient point, dans le principe, destinés à l'irrigation. L'irrigation dans l'Inde n'est point un cas analogue, et d'ailleurs, même dans l'Inde, là où un projet de canal a sombré sous le poids de l'intervention officielle, beaucoup d'autres ont, malgré cela, survécu et réussi.

Mais l'irrigation des terres le long du Tigre ne sera point aussi coûteuse que dans l'Inde. Quelques turbines mues par le courant suffiraient à élever l'eau à des hauteurs voulues, et on la distribuerait, à quelque distance que ce fût, au moyen de tuyaux de fonte qui valent le même prix, ou à peine plus cher que la fonte en gueuse. Je crois faux que le seul espoir de salut pour l'Asie Mineure et la Mésopotamie soit l'assimilation à la Russie. Les idées de la Russie sur l'émigration et la colonisation sont des plus primitives. L'émigration forcée de races entières ne réussit jamais. En quatre-vingts ans, la Sibérie a vu sa population tomber du chiffre de 16 millions d'âmes à celui de 4 millions, malgré une importation annuelle moyenne de 120 000 prisonniers. Les colons dans des contrées nouvelles ne doivent pas être embarrassés de la présence des malades, des vieillards, des enfants. Ceux-là doivent rester au foyer, et y vivre du travail de ceux qui ont assez de force pour supporter les fatigues de la colonisation.

M. Blunt insiste sur l'immense importance stratégique des tracés que j'ai écartés, et semble croire que j'ai obéi à des suggestions officielles. Je puis l'assurer que j'ai voyagé avec autant d'indépendance qu'il a pu le faire lui-même, et que j'avais pensé à faire ce voyage avant d'avoir entendu parler du comité du duc de Sutherland, et de la conférence de sir Julian, et aussi avant que la convention de juin fût venue surprendre le monde.

Si nous ne pouvons encore attaquer l'entreprise entièrement, un essai tel qu'un chemin de fer à bon marché de Tripoli à Homs ne coûterait pas grand'chose et ferait beaucoup pour démontrer la possibilité et l'utilité de la grande voie.

Comme j'achève ces lignes, je lis dans les journaux que notre flotte part pour Besika, et que notre gouvernement insiste pour l'exécution immédiate des réformes dans la Turquie d'Asie. Une fois les finances et l'administration améliorées, la nécessité de bonnes voies de communication deviendra plus évidente, et la politique de lord Salisbury et de lord Beaconsfield, tout en ne s'engageant peut-être pas, quant à présent, dans l'affaire, conduira à la prochaine exécution du chemin de fer indo-méditerranéen, notre future grande route.

FIN

TABLE DES MATIÈRES

FIN DE LA TABLE DES MATIÈRES.

Imprimeries réunies, A, rue Mignon, 2, Paris.